HCIA-Security 手实验指导册

郑锦程 ◎编著

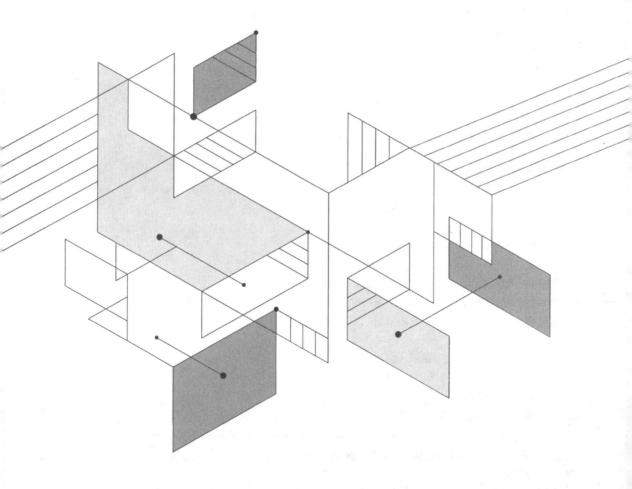

北京大学出版社
PEKING UNIVERSITY PRESS

内 容 提 要

本书以实操为宗旨，以案例来解决HCIA安全课程的重点和难点，实操从简单到困难，步骤详细，确保每一位使用本书的读者都能学会HCIA安全课程的知识点。学完这本书后，可以具备配置华为防火墙及简单运维的能力，L2TP、GRE、IPSec等VPN的配置与维护能力，设计、部署、运维企业网络安全架构的能力。同时大部分章节的后面都设置了该章节在HCIA-Security考试中的典型真题，方便读者掌握考试重点，顺利考取HCIA安全证书。

为了确保实验的可行性，每个实验都可以用eNSP模拟器，实现用一台计算机就可以学习，让学习之路更加简单。

本书适合要参加HCIA安全考试的读者，也适合初入职场的网络安全工程师。

图书在版编目(CIP)数据

HCIA-Security实验指导手册 / 郑锦程编著. — 北京：北京大学出版社，2024.7
ISBN 978-7-301-34825-3

Ⅰ.①H⋯ Ⅱ.①郑⋯ Ⅲ.①计算机网络 – 手册 Ⅳ.①TP393–62

中国国家版本馆CIP数据核字（2024）第038719号

书　　　名	HCIA-Security实验指导手册
	HCIA-SECURITY SHIYAN ZHIDAO SHOUCE
著作责任者	郑锦程　编著
责 任 编 辑	王继伟
标 准 书 号	ISBN 978-7-301-34825-3
出 版 发 行	北京大学出版社
地　　　址	北京市海淀区成府路205号　　100871
网　　　址	http://www.pup.cn　　新浪微博:@北京大学出版社
电 子 邮 箱	编辑部 pup7@pup.cn　　总编室 zpup@pup.cn
电　　　话	邮购部 010-62752015　发行部 010-62750672　编辑部 010-62570390
印 刷 者	山东百润本色印刷有限公司
经 销 者	新华书店
	787毫米×1092毫米　16开本　14.5印张　349千字
	2024年7月第1版　2024年7月第1次印刷
印　　　数	1–3000册
定　　　价	69.00元

前言

INTRODUCTION

《HCIA-Security实验指导手册》是专为初学者量身打造的一本安全实操学习用书,由华为官方认证HCSI讲师、4IE讲师郑锦程精心编写而成。

本书主要面向网络安全的初学者和爱好者,旨在帮助他们掌握华为安全的基础知识、了解华为安全设备的配置方法和原理,并积累一定的项目实战经验。

◆ 为什么要写这样一本书

常言道,"实践出真知",可见实践对于学习的重要性。纵观当前网络安全图书市场,理论知识与实践经验脱节是很多图书中经常出现的情况。针对这一问题,本书立足于实战,从实战的实际需求入手,将理论知识与实际应用相结合,目的就是让初学者能够快速成长为初级安全技术人员,并积累一定的安全设备配置经验,从而在职场中拥有一个高起点。

◆ 本书特色

(1)零基础、入门级的讲解。无论读者是否从事计算机相关行业,是否接触过华为安全设备,是否配置过安全设备,都能从本书中获益。

(2)超多、实用、专业的真题和实验。本书结合实际工作中的项目场景,逐一讲解华为HCIA安全的各种知识和技术;还以历年典型真题来总结本书所学内容,帮助读者在练习中掌握知识,轻松获得配置操作经验。

(3)随时检测自己的学习成果。每章开头给出了章节概述,以便读者明确学习方向。除第2章外,每章的实验演示根据所在章的知识点设计而成,读者可以随时进行实验测试和验证,巩固所学知识。

(4)细致入微、贴心提示。本书在讲解过程中使用了"技术要点""注意"等小栏目,以帮助读者在学习过程中更清楚地理解基本概念,掌握相关操作,并轻松获取实战技巧。

♦ 超值资源大放送

本书赠送大量资源，包括典型真题解析、华为安全HCIA实战教学视频、华为模拟器eNSP、配套实验拓扑、实验连接软件SecureCRT等。

提示：以上资源已上传到百度网盘，供读者下载。请读者关注封底"博雅读书社"微信公众号，输入图书77页的资源下载码，获取下载地址及密码。

♦ 读者对象

（1）没有网络安全基础的初学者。

（2）已掌握华为安全的入门知识，希望进一步学习核心技术的人员。

（3）具备一定的安全设备配置能力，但缺乏系统的知识体系的安全技术人员。

（4）各类院校及培训学校的教师和学生。

♦ 创作团队

本书由郑锦程编著，全书目录由旋旖旗编写校对。在本书的编写过程中，我们竭尽所能地将最好的讲解呈现给读者，但书中难免有疏漏和不妥之处，敬请广大读者不吝指正。若读者在阅读本书的过程中遇到困难或产生疑问，或者有任何建议，可发送邮件至1046186419@qq.com。

读者可以申请加入郑老师技术学习群（QQ群：790250086），在群中可以和其他读者进行交流，从而无障碍地快速阅读本书。

目录
▼
CONTENTS

第1章
eNSP的安装和使用

本章首先介绍一款华为模拟器eNSP（Enterprise Network Simulation Platform）的背景和基础知识；然后介绍eNSP软件配套的三个软件：WinPacp、Wireshark和VirtualBox的安装，接着进行eNSP的安装；最后介绍eNSP的用法，用一个eNSP的桥接实验来演示说明。本章理论和实操并行，可以帮助读者更好地完成eNSP的安装，以便后续的学习。

eNSP是华为官方推出的一款强大的网络仿真工具，主要对企业级路由器交换机、防火墙等设备进行软件仿真模拟，从而完美地实现真实设备部署实景，同时支持图形化操作和大型网络模拟，让读者在没有真实设备的情况下也可以进行实验配置和研究网络技术。

现阶段华为官方已经不再提供eNSP软件的下载，并且于2023年6月30日发布了新版本的eNSP Pro。考虑到本书的实际需要及eNSP的稳定性，本书采用现阶段稳定版本的eNSP。

1.1 模拟器eNSP概述

在安装 eNSP 之前，要先在计算机上安装 WinPcap、Wireshark 和 VirtualBox。

1. WinPcap

WinPcap 是一款用于网络抓包的专业软件。它不仅可以帮助用户快速且出色地将网络上的信息包进行抓取和分析，而且可以用于网络监控、网络扫描、安全工具等各个方面，为用户带来了人性化、便捷化的使用体验。

2. Wireshark

Wireshark（曾称 Ethereal）是一款网络封包分析软件。它的功能是截取网络封包，并尽可能地显示出最为详细的网络封包资料。Wireshark 使用 WinPcap 作为接口，直接与网卡进行数据报文交换。

3. VirtualBox

VirtualBox 是一款简单易用且免费的开源虚拟机。它的体积小，使用时不会占用太多内存，操作简单，用户可以轻松创建虚拟机。不仅如此，VirtualBox 的功能也很实用，支持虚拟机克隆和 Direct3D 等。

4. eNSP

安装完以上三款软件后，才可以安装 eNSP。

1.2 安装WinPacp

WinPacp 的安装步骤如下。

步骤❶：双击软件安装包"WinPcap_4_1_3"，进入安装界面，单击【Next】按钮，如图 1-1 所示。

步骤❷：单击【I Agree】按钮，进入下一步，如图 1-2 所示。

图 1-1 双击软件安装包，开始安装

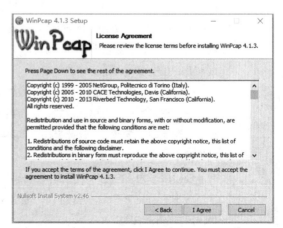

图 1-2 单击【I Agree】按钮

步骤❸：选择自动启动并单击【 Install 】按钮，如图 1-3 所示。

步骤❹：单击【 Finish 】按钮完成安装，如图 1-4 所示。

图 1-3　选择自动启动并单击【 Install 】按钮　　　　　图 1-4　完成安装

1.3　安装 Wireshark

Wireshark 的安装步骤如下。

步骤❶：双击软件安装包"Wireshark-win64-3.2.3"，进入安装界面，单击【 Next 】按钮，如图 1-5 所示。

步骤❷：单击【 I Agree 】按钮，进入下一步，如图 1-6 所示。

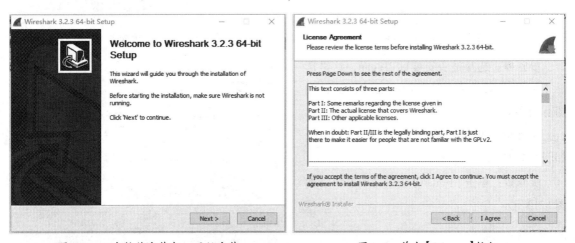

图 1-5　双击软件安装包，开始安装　　　　　　图 1-6　单击【 I Agree 】按钮

步骤❸：选择组件，这里保持默认选项，单击【 Next 】按钮，如图 1-7 所示。

步骤❹：创建快捷方式并关联文件类型，单击【 Next 】按钮，如图 1-8 所示。

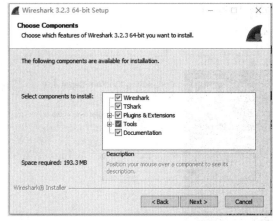

图1-7　选择组件

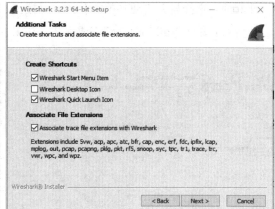

图1-8　创建快捷方式并关联文件类型

步骤❺：选择安装路径，一般保持默认选项即可，单击【Next】按钮，如图1-9所示。

步骤❻：选择是否安装Npcap，这里选择不安装Npcap，单击【Next】按钮，如图1-10所示。

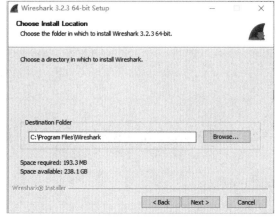

图1-9　选择安装路径

图1-10　选择是否安装Npcap

步骤❼：选择是否安装USBPcap，这里选择不安装USBPcap，单击【Install】按钮，如图1-11所示。

步骤❽：开始安装，单击【Next】按钮，如图1-12所示。

步骤❾：单击【Finish】按钮完成安装，如图1-13所示。

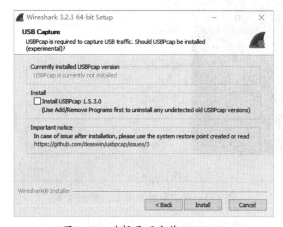

图1-11　选择是否安装USBPcap

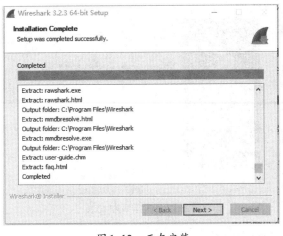

图 1-12　正在安装　　　　　　　　　　　图 1-13　完成安装

1.4　安装 VirtualBox

VirtualBox 目前有很多版本，笔者结合多年使用经验和本书的实验需要，选择版本号为 "5.2.40" 的 VirtualBox。VirtualBox 的安装步骤如下。

步骤❶：双击软件安装包 "VirtualBox- 5.2.40-137108-Win"，进行安装界面，单击【下一步】按钮，如图 1-14 所示。

步骤❷：选择安装位置，一般保持默认选项即可，单击【下一步】按钮，如图 1-15 所示。

图 1-14　双击软件安装包，开始安装　　　　　图 1-15　选择安装位置

步骤❸：选择安装的功能，一般保持默认选项即可，单击【下一步】按钮，如图 1-16 所示。

步骤❹：选择是否立即安装，单击【是】按钮，如图 1-17 所示。

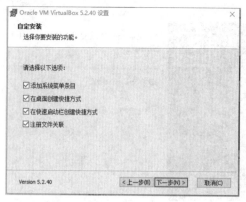

图 1-16　选择安装的功能

图 1-17　选择立即安装

步骤❺：单击【安装】按钮，继续完成安装，如图 1-18 所示。

步骤❻：单击【是】按钮，允许此应用进行更改，如图 1-19 所示。

步骤❼：在弹出的对话框中单击【安装】按钮信任该软件，同意安装，如图 1-20 所示。

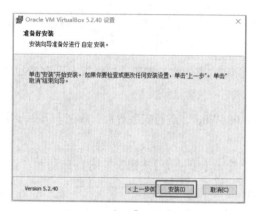

图 1-18　单击【安装】按钮

图 1-19　允许更改

图 1-20　信任该软件

步骤❽：单击【完成】按钮，如图 1-21 所示。

步骤❾：最终完成结果如图 1-22 所示。

图 1-21　单击【完成】按钮

图 1-22　最终完成结果

1.5 安装 eNSP

前面成功安装了 WinPacp、Wireshark、VirtualBox 三个软件后，现在开始安装 eNSP。eNSP 的安装步骤如下。

步骤❶：双击 eNSP 安装程序，进入安装界面，选择安装语言，这里选择【中文（简体）】选项，单击【确定】按钮，如图 1-23 所示。

步骤❷：开始安装 eNSP，单击【下一步】按钮，如图 1-24 所示。

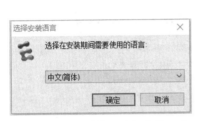

图 1-23　开始安装，选择安装语言

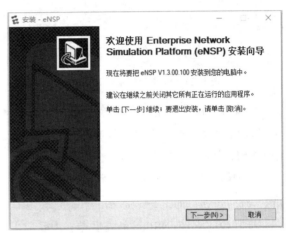

图 1-24　开始安装 eNSP

步骤❸：选中【我愿意接受此协议】单选按钮，单击【下一步】按钮，如图 1-25 所示。

步骤❹：进入安装路径选择界面，这里可以保持默认选项，单击【下一步】按钮，如图 1-26 所示。

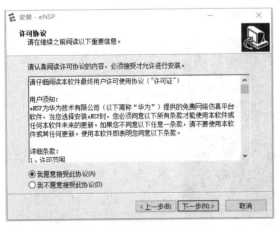

图 1-25　选择接受许可协议

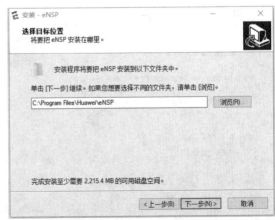

图 1-26　选择安装路径

步骤❺：进入选择开始菜单文件夹界面，此处保持默认选项即可，单击【下一步】按钮，如图 1-27 所示。

步骤❻：选中【创建桌面快捷图标】复选框，单击【下一步】按钮，如图1-28所示。

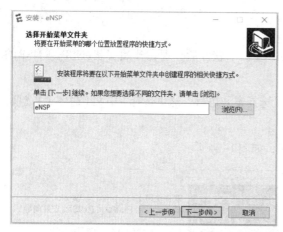

图1-27　选择开始菜单文件夹

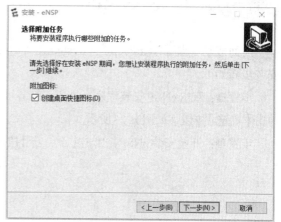

图1-28　选择创建桌面快捷图标

步骤❼：计算机系统自行检测是否安装了WinPacp、Wireshark、VirtualBox，单击【下一步】按钮，如图1-29所示。

步骤❽：开始安装eNSP到本地计算机，单击【安装】按钮，如图1-30所示。

步骤❾：安装eNSP，完成后单击【完成】按钮，如图1-31所示。

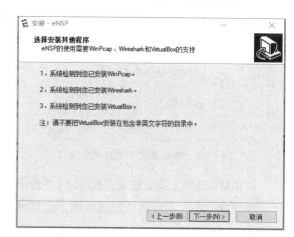

图1-29　检测是否安装好其他程序

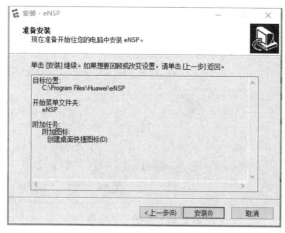

图1-30　开始安装eNSP

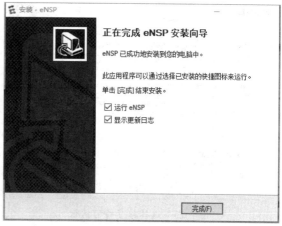

图1-31　成功安装eNSP

步骤❿：成功安装eNSP后，为了保证eNSP正常运行，需要把本地计算机的防火墙关闭或允许

eNSP 软件通过。

（1）打开本地计算机的【控制面板】，选择【Windows Defender 防火墙】选项，如图 1-32 所示。

（2）选择【允许应用或功能通过 Windows Defender 防火墙】选项，然后单击【更改设置】按钮，允许 eNSP 软件通过，如图 1-33 所示。

图 1-32　设置本地防火墙

图 1-33　本地防火墙允许 eNSP 软件通过

1.6　桥接实验

在后续的学习中，为了让本地计算机能与 eNSP 中的虚拟设备进行通信，我们需要把 eNSP 桥接到本地计算机，桥接的步骤如下。

步骤❶：在本地计算机中安装虚拟网卡，并给虚拟网卡配置 IP 地址，实现与 eNSP 的通信。

（1）在本地计算机中按【Win+R】快捷键打开【运行】对话框，在文本框中输入 "hdwwiz"，单击【确定】按钮，如图 1-34 所示。

（2）进行添加硬件操作，单击【下一步】按钮，如图 1-35 所示。

图 1-34　打开【运行】对话框

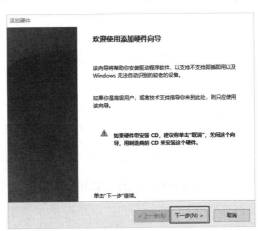

图 1-35　添加硬件

（3）选择安装方式，这里选中【安装我手动从列表选择的硬件】单选按钮，单击【下一步】按钮，如图1-36所示。

（4）选择要安装的硬件类型，在【常见硬件类型】列表框中选择【网络适配器】选项，单击【下一步】按钮，如图1-37所示。

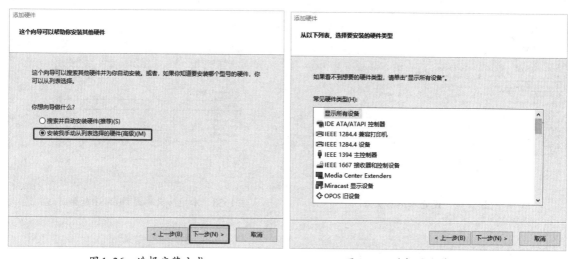

图1-36　选择安装方式　　　　　　　　图1-37　选择要安装的硬件类型

（5）在【厂商】列表框中选择【Microsoft】选项，在【型号】列表框中选择【Microsoft KM-TEST环回适配器】选项，单击【下一步】按钮，如图1-38所示。

（6）开始安装新硬件，单击【下一步】按钮，如图1-39所示。

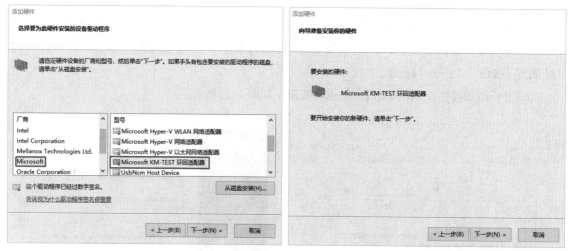

图1-38　安装驱动程序　　　　　　　　图1-39　安装新硬件

（7）开始安装网卡，最后单击【完成】按钮，完成新网卡的安装，如图1-40所示。

（8）完成安装后，在本地计算机的右下角打开【打开"网络和Internet设置"】，继续打开【更改适配器选项】，如图1-41所示。

图1-40　成功安装新网卡　　　　　　　　　　　图1-41　更改适配器

（9）右击新增的网卡【以太网7】，选择【属性】选项，双击【Internet协议版本4（TCP/IPv4）】选项，进行IP地址配置，如图1-42所示。

（10）选择手工静态方式配置IP地址，如图1-43所示。

图1-42　设置新增网卡的参数　　　　　　　　　图1-43　手工静态方式配置IP地址

（11）配置IP地址为10.10.10.10/24，单击【确定】按钮，如图1-44所示。

（12）查看【以太网7】IP地址的配置情况，如图1-45所示。

步骤❷：在本地计算机成功安装网卡并配置IP地址后，接下来配置eNSP桥接本地计算机网卡。配置方法和步骤如下。

（1）打开 eNSP，单击云图标，拖曳一朵"云"到右边的工作区，如图 1-46 所示。

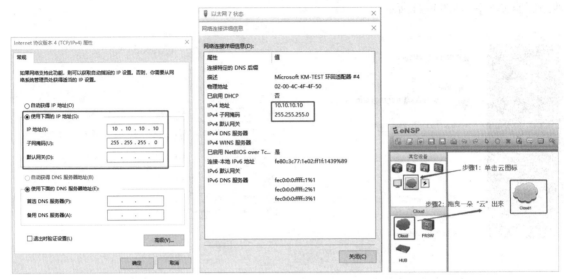

图 1-44　配置 IP 地址　　　　图 1-45　查看 IP 地址的配置情况　　　　图 1-46　eNSP 配置界面

（2）右击 Cloud1 图标，选择【设置】选项，进入 IO 配置界面，如图 1-47 所示。

（3）在【端口创建】栏中选择绑定信息【以太网4--IP：10.10.10.10】，单击【增加】按钮，如图 1-48 所示。

图 1-47　IO 配置界面　　　　　　　　　图 1-48　绑定网卡信息

（4）继续增加绑定信息【UDP】，如图 1-49 所示。

（5）在【端口映射设置】栏中，【入端口编号】选择【1】，【出端口编号】选择【2】，选中【双向通道】复选框，最终配置结果如图 1-50 所示。

图 1-49 增加 UDP 绑定信息 　　　　　　　　图 1-50 端口映射表

（6）在 eNSP 中继续增加一台虚拟设备路由器 AR1，如图 1-51 所示。

（7）单击线缆图标，选择 AR1 的 GE0/0/0 连接 Cloud1 的 Ethernet0/0/2，如图 1-52 所示。

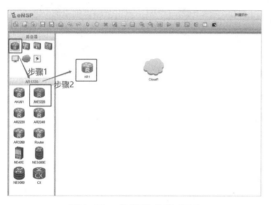

图 1-51 新增路由器 AR1 　　　　　　　　图 1-52 连接设备

（8）右击 AR1 图标，选择【启动】选项，启动完成后双击设备 AR1，在弹出的命令行窗口中，配置虚拟设备 AR1 接口 GE0/0/0 的 IP 地址，配置命令如图 1-53 所示。

（9）测试连通性方法 1：在本地计算机中按【Win+R】快捷键打开【运行】对话框，在文本框中输入"cmd"，单击【确定】按钮，如图 1-54 所示。

图 1-53 配置设备 AR1 的 IP 地址 　　　　　　图 1-54 打开【运行】对话框

（10）进入命令行窗口，在命令行窗口中输入"ping 10.10.10.254"，结果如图 1-55 所示。

（11）测试连通性方法2：在虚拟设备AR1的命令行窗口中执行ping 10.10.10.10命令，测试结果如图1-56所示。

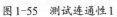

图1-55　测试连通性1　　　　　　　　　　　　　图1-56　测试连通性2

第2章
防火墙的安装和使用

本章首先介绍防火墙，然后介绍如何在 eNSP 中创建防火墙，最后介绍防火墙镜像包的导入和更换。本章理论和实操并行，可以帮助读者更快地进入防火墙的学习中。

2.1 防火墙概述

防火墙是对网络的访问行为进行控制的一种安全设备，其核心特性是安全防护，主要部署在网络边界，作为进出企业内网的一道屏障。在eNSP中创建虚拟的防火墙是进行后续学习的前提，本章将向读者详细介绍防火墙在eNSP中的操作，具体内容如下。

（1）在eNSP中注册虚拟设备。

（2）在eNSP中创建防火墙。

（3）导入防火墙镜像包。

（4）更换防火墙镜像包。

2.2 注册设备

在使用eNSP搭建实验环境前，还需要对虚拟设备进行注册。设备注册方法如下。

步骤❶：双击eNSP图标，进入eNSP主界面，如图2-1所示。

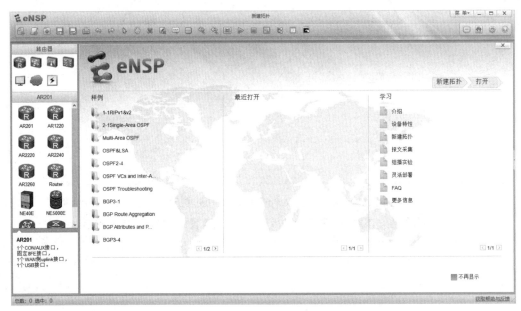

图2-1　eNSP主界面

步骤❷：单击右上角的【菜单】→【工具】→【注册设备】命令，在弹出的对话框中选择全部设备，如图2-2所示。

步骤❸：单击【注册】按钮，完成设备注册操作，结果如图2-3所示。

图 2-2　选择注册设备　　　　　　　图 2-3　设备成功注册

2.3　导入设备包

在 eNSP 中，防火墙设备与其他的路由器、交换机等设备不一样，路由器和交换机不需要导入任何设备包（镜像包）就可以直接运行，而防火墙则需要先导入镜像包，完成之后才能运行，所以我们要先给防火墙设备导入设备包。具体配置方法和步骤如下。

步骤❶：双击 eNSP 图标，进入 eNSP 主界面，如图 2-4 所示。

步骤❷：在 eNSP 主界面的左侧设备区，选择防火墙设备 USG6000V，拖曳一台防火墙设备到右边的工作区，如图 2-5 所示。

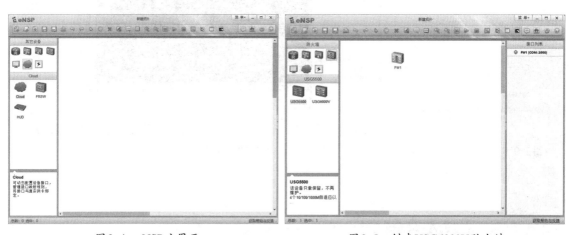

图 2-4　eNSP 主界面　　　　　　　图 2-5　创建 USG6000V 防火墙

步骤❸：右击 FW1 图标，选择【启动】选项，启动防火墙 FW1，如图 2-6 所示。

步骤❹：启动防火墙 FW1 后，进入【导入设备包】对话框，如图 2-7 所示。

步骤❺：单击【浏览】按钮，选择提前解压好的防火墙镜像包，如图 2-8 所示。

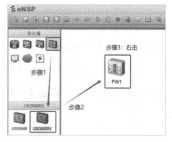

图 2-6　启动防火墙 FW1

图2-7 导入设备包界面

图2-8 导入设备包

步骤❻：单击【导入】按钮，完成设备包的导入，如图2-9所示。

步骤❼：再次右击FW1图标，选择【启动】选项，启动防火墙FW1，等待一段时间后，双击FW1图标，确定启动成功，结果如图2-10所示。

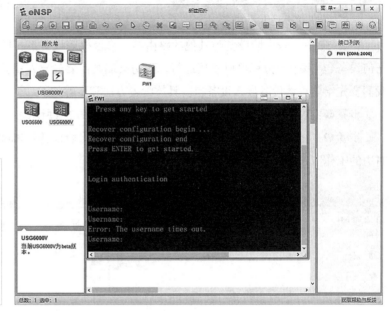

图2-9 完成设备包的导入

图2-10 成功启动防火墙FW1

2.4 更换设备包

有些读者由于各种原因，可能需要重新注册USG6000V防火墙镜像文件。eNSP重新注册USG6000V防火墙镜像文件的方法如下。

步骤❶：打开Oracle VM VirtualBox软件，在主界面的左侧栏目中右键选中并删除USG6000V相关的条目内容，如图2-11所示。

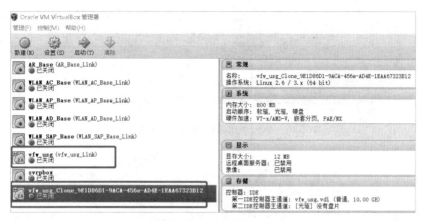

图 2-11　管理器界面

步骤❷：在 Oracle VM VirtualBox 菜单栏中，选择【管理】→【虚拟介质管理】选项，删除 USG6000V 的 vfw_usg.vdi 相关条目，如图 2-12 所示。

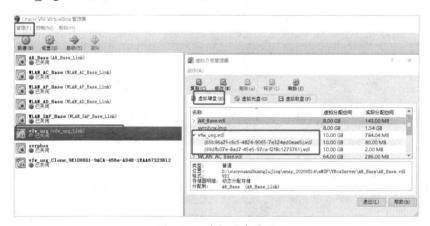

图 2-12　虚拟硬盘界面

步骤❸：在本地计算机磁盘中，删除 eNSP 安装目录下的 vfw_usg.vdi 镜像文件，具体安装路径请读者根据实际情况自行选择，如笔者的安装路径为 D:\suoyouanzhuanglujing\ensp_20200514\ eNSP\plugin\ngfw\Database，如图 2-13 所示。

图 2-13　USG 镜像文件路径

步骤❹：重启计算机，再次打开 eNSP 模拟器并运行 USG6000V 防火墙，可以正常弹出需要加载 USG6000V 的镜像文件操作步骤，如图 2-14 所示。

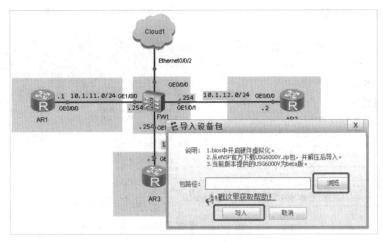

图 2-14　导入设备包界面

步骤❺：在弹出的【导入设备包】对话框中，选择要加载的安装包路径，最后单击【导入】按钮，如图 2-15 所示。

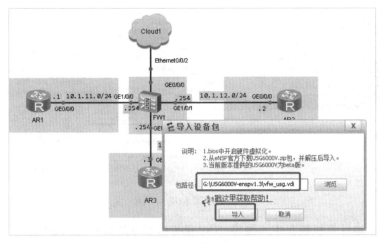

图 2-15　选择导入设备包

第3章
网络基础知识

随着互联网的发展，各种网络攻击不断出现，网络安全的重要性愈加凸显。将安全技术应用于数据通信的过程，是对数据通信技术的一种延伸和扩展。在学习安全技术之前，了解网络的基本概念，如网络的基本通信原理、网络的组成和常见的网络协议等，有助于更好地理解各种安全技术的工作原理和应用场景。

本章将介绍企业网络的典型组网架构、常见的网络设备和它们的工作原理，并通过相关的配置实验来帮助读者理解所学的内容。

3.1 网络基础知识概述

具备网络基础是学习安全技术的必备前提，下面详细介绍网络基础知识。

1. 应用与数据

（1）网络因为资源共享而连接在一起，为了满足人们不同的访问需求，数据之间的传递会以不同的格式呈现，比如文本、图片、视频等格式。

（2）在网络工程师的眼中，应用会产生数据。数据是各种信息的载体，在不同的设备之间进行传输。对于一名工程师来说，掌握数据的端到端传输过程与原理，是必备技能之一。

2. OSI 参考模型

（1）OSI 参考模型（Open Systems Interconnection Reference Model），由国际标准化组织（International Organization for Standardization，ISO）收录在 ISO 7489 标准中并于 1984 年发布。

（2）OSI 参考模型由以下 7 个层级构成。

①应用层：OSI 参考模型中最接近用户的一层，为应用程序提供网络服务。

②表示层：提供各种用于应用层数据的编码和转换功能，确保一个系统的应用层发送的数据能被另一个系统的应用层识别。

③会话层：负责建立、管理和终止表示层实体之间的通信会话。该层的通信由不同设备中的应用程序之间的服务请求和响应组成。

④传输层：提供面向连接或非面向连接的数据传递及重传前的差错检测。

⑤网络层：定义逻辑地址，供路由器确定路径，负责将数据从源网络传输到目的网络。

⑥数据链路层：将比特组合成字节，再将字节组合成帧，使用链路层地址（以太网使用MAC地址）来访问介质，并进行差错检测。

⑦物理层：在设备之间传输比特流，规定了电平、速度和电缆针脚等物理特性。

3. TCP/IP 参考模型

（1）OSI 参考模型较为复杂，不太适用于实际情况，且 TCP 和 IP 两大协议在业界被广泛使用，所以 TCP/IP 参考模型成为互联网的实际参考模型。

（2）TCP/IP 参考模型从上到下分为以下 4 层。

①应用层：对应 OSI 参考模型中的应用层、表示层和会话层，作用类似。

②传输层：对应 OSI 参考模型中的传输层，作用类似。

③网际层：对应 OSI 参考模型中的网络层，作用类似。

④网络接口层：对应 OSI 参考模型中的数据链路层和物理层，作用类似。

4. TCP/IP 对等模型

（1）TCP/IP 参考模型将 OSI 中的数据链路层和物理层合并为网络接口层，在实际应用中，往往是将数据链路层和物理层分开处理的，所以融合了TCP/IP参考模型和OSI参考模型的TCP/IP对等模型被提出，后面的内容也都将基于这种模型。

（2）TCP/IP对等模型从上到下分为5层，分别为应用层、传输层、网络层、数据链路层、物理层。

5. TCP/IP 协议栈常见协议

TCP/IP协议栈定义了一系列的标准协议，具体内容如下。

（1）应用层：为应用软件提供接口，使应用程序能够使用网络服务。应用程序会基于某一种传输协议，以及定义传输层所使用的端口号。主要协议如下。

①HTTP（Hypertext Transfer Protocol，超文本传输协议）：用来访问网页服务器上的各种页面。

②HTTPS（Hypertext Transfer Protocol Secure，超文本传输安全协议）：以安全为目标的HTTP通道。HTTPS在HTTP的基础上加入TLS（Transport Layer Security，传输层安全）协议，为数据传输提供身份验证、加密及完整性校验。HTTPS的目的端口默认为443，HTTP的目的端口默认为80。目前，大部分网站都提供HTTPS安全传输。

③FTP（File Transfer Protocol，文件传输协议）：为文件传输提供了途径，它允许数据从一台主机传送到另一台主机上。

④DNS（Domain Name Service，域名解析服务）：用于实现从主机域名到IP地址的转换。

⑤Telnet（远程登录协议）：提供远程管理服务。Telnet是数据网络中提供远程登录的标准协议，可以实现在本地计算机上操作远程设备。用户通过Telnet客户端程序连接到Telnet服务器，在Telnet客户端中输入命令，这些命令会在服务端运行，就像直接在服务端的控制台上输入一样。

⑥STelnet（Secure Telnet，安全Telnet）：使用户可以从远端安全登录到设备，所有交互数据均经过加密，可以实现安全的会话连接。Telnet是明文传输的，并不安全，使用STelnet可以极大地提升安全性。

⑦SMTP（Simple Mail Transfer Protocol，简单邮件传输协议）：提供互联网电子邮件服务。

⑧TFTP（Trivial File Transfer Protocol，简单文件传输协议）：提供简单的文件传输服务。

（2）传输层：传输层协议接收来自应用层协议的数据，封装上相应的传输层头部，帮助其建立"端到端"的连接。具体内容如下。

①TCP（Transmission Control Protocol，传输控制协议）：为应用程序提供可靠的面向连接的通信服务。目前，许多流行的应用程序都使用TCP。

②UDP（User Datagram Protocol，用户数据报协议）：提供了无连接通信，且不对传送数据包进行可靠性的保证。

③端口号：TCP和UDP使用端口号来区分不同的服务。客户端使用的源端口一般随机分配，目标端口则由服务器的应用指定。源端口号一般为系统中未使用的，且大于1023的端口。目的端口号为服务端开启的应用（服务）所侦听的端口，如HTTP缺省使用80。

（3）网络层：传输层负责在主机之间建立进程与进程之间的连接，网络层则负责将分组报文从源主机发送到目的主机；为网络中的设备提供逻辑地址；负责数据包的寻径和转发。常见协议有 IPv4、IPv6、IGMP 和 ICMP 等。部分网络层协议内容如下。

①IP（Internet Protocol，互联网协议）：将传输层的数据封装成数据包并完成源站点到目的站点的转发，提供无连接的、不可靠的服务。

②IGMP（Internet Group Management Protocol，互联网组管理协议）：负责 IP 组播成员管理的协议，用来在 IP 主机和与其直接相邻的组播路由器之间建立、维护组播组成员关系。

③ICMP（Internet Control Message Protocol，互联网控制消息协议）：IP 的辅助协议。ICMP 用来在网络设备间传递各种差错和控制信息，在收集各种网络信息、诊断和排除各种网络故障等方面起着至关重要的作用。

④OSPF（Open Shortest Path First，开放式最短路径优先）协议：不同网络间的互通需要通过路由实现，路由的获取方式有直连路由、静态路由、动态路由。动态路由因灵活性高、可靠性好、易扩展等特点被广泛应用于网络中。OSPF 是企业网络中应用最广的动态路由协议。

（4）数据链路层：数据链路层位于网络层和物理层之间，向网络层提供"段内通信"，负责组帧、物理编址和差错控制等功能。常见的数据链路层协议有以太网、PPPoE、PPP 和 ARP 等。

ARP（Address Resolution Protocol，地址解析协议）是根据 IP 地址获取数据链路层地址的一个 TCP/IP 协议，也是 IPv4 中必不可少的一种协议，它的主要功能如下。

①将 IP 地址解析为 MAC 地址。

②维护 IP 地址与 MAC 地址的映射关系的缓存，即 ARP 表项。

③实现网段内重复 IP 地址的检测。

6. 企业园区网络典型架构

一个典型的企业园区网络由路由器、交换机、防火墙等设备构成，通常会采用多层架构，包括接入层、汇聚层、核心层和出口层。其中，交换机是同网段或跨网段通信设备，路由器是跨网段通信设备，防火墙是部署在网络出口处进行防护的安全设备。企业园区网络组网如图 3-1 所示。

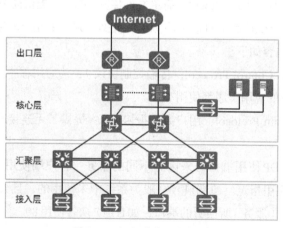

图 3-1 企业园区网络组网

交换机、路由器、防火墙的作用和工作原理分别如下。

（1）交换机。

①二层交换机工作在数据链路层，它对数据帧的转发是建立在MAC地址基础之上的。二层交换机不同的接口发送和接收数据是独立的，各接口属于不同的冲突域，因此有效地隔离了网络中的冲突域。

②二层交换机通过学习以太网数据帧的源MAC地址来维护MAC地址与接口的对应关系（保存MAC与接口对应关系的表称为MAC地址表），通过其目的MAC地址来查找MAC地址表，决定向哪个接口转发。

（2）路由器。

①路由器是网络层设备，其主要功能是实现报文在不同网络之间的转发。

②当两台设备之间互访时，如果两台设备属于不同网段，就需要路由器进行转发处理。路由器此时会根据网络层报文头来决定目的地址所在网段，然后通过查表，从相应的接口转发给下一跳设备，直到到达报文的目的地为止。

（3）防火墙。

①防火墙主要用于保护一个网络区域免受来自另一个网络区域的网络攻击和入侵。

②防火墙技术是计算机网络安全中不可或缺的一种技术，能够为计算机网络安全提供有效保护。对于一些应用范围较大的网络使用环境，将防火墙技术运用到计算机网络系统中，能够对累积的数据信息进行有效保护。

③硬件防火墙用来集中解决网络安全问题，适合应用于各种场合，同时能够提供高效率的"过滤"。此外，它还可以提供访问控制、身份验证、数据加密、VPN技术、地址转换等安全措施，用户可以根据自己的网络环境的需要配置复杂的安全策略，阻止一些非法的访问，保护自己的网络安全。

（4）防火墙与交换机、路由器的对比。

①路由器与交换机的本质是转发，而防火墙的本质是控制。

②路由器用来连接不同的网络，通过路由协议保证互联互通，确保将报文转发到目的地。

③交换机通常用来组建局域网，作为局域网通信的重要枢纽，通过二层/三层交换快速转发报文。

④防火墙主要部署在网络边界，对进出网络的访问行为进行控制，安全防护是其核心特性。

7. 网络设备的登录和配置

不管是部署、操作，还是维护网络设备，都会涉及对网络设备的配置。配置之前，需要先登录网络设备。管理员对网络设备的配置，有CLI命令行和Web界面两种方式。

（1）CLI命令行方式：连接设备之后，在CLI命令行窗口中输入命令对设备进行配置，如图3-2所示。

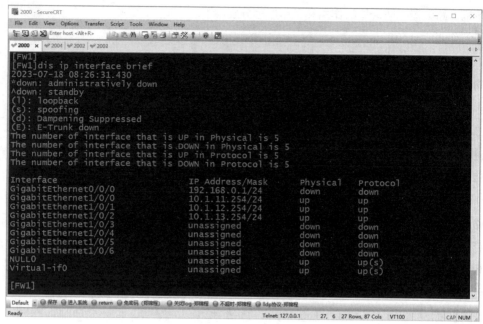

图3-2　CLI命令行方式配置设备

（2）Web界面方式：连接设备之后，在图形界面中对设备进行配置，如图3-3所示。

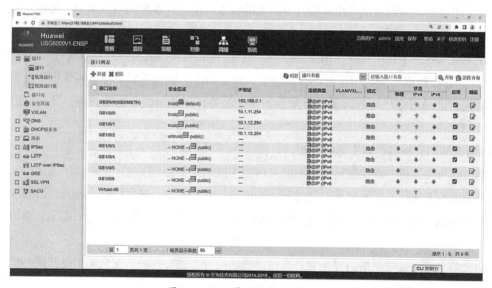

图3-3　Web界面方式配置设备

3.2

实验一：HTTP的原理与配置

通过前面的学习，我们已经清楚HTTP是应用层协议，主要用来访问网页服务器上的各种页面，接下来我们通过实验来配置HTTP服务。

1. 实验目标

（1）掌握应用层协议HTTP的配置方法。

（2）掌握应用层协议HTTP的通信过程。

2. 实验拓扑

本实验包含一台终端、一台交换机和一台HTTP服务器，通过配置实现终端PC1访问HTTP服务器Server1（其中，交换机是二层设备，不需要进行配置，这里只为了实现抓包），实验拓扑如图3-4所示。

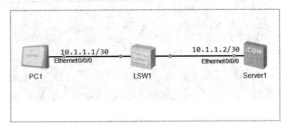

图3-4　HTTP配置实验拓扑

3. 实验步骤

步骤❶：配置终端PC1的IP地址。双击PC1图标，在弹出的窗口中选择【基础配置】选项卡，在【IPv4配置】栏的【本地地址】和【子网掩码】文本框中分别输入"10.1.1.1"和"255.255.255.252"，单击【保存】按钮完成配置。HTTP服务器Server1的配置步骤与此相同，这里不再赘述。

（1）配置终端PC1的IP地址，如图3-5所示。

（2）配置HTTP服务器Server1的IP地址，如图3-6所示。

图3-5　配置PC1的IP地址

图3-6　配置Server1的IP地址

（3）测试PC1与Server1之间的连通性，测试结果如图3-7所示。

测试结果表明，终端PC1与服务器Server1之间的连通性正常。

步骤❷：设置HTTP服务器Server1。双击Server1图标，在弹出的窗口中选择【服务器信息】选项卡，选择【HttpServer】选项，在【配置】栏中设置文件根目录，单击【启动】按钮完成设置，如图3-8所示。

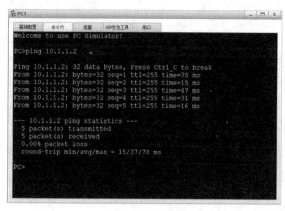

图3-7 测试连通性

图3-8 启动服务器

步骤❸：测试PC1访问HTTP服务器Server1。双击PC1图标，在弹出的窗口中选择【客户端信息】选项卡，选择【HttpClient】选项，在【地址】文本框中输入"http://10.1.1.2"，单击【获取】按钮，最终成功访问HTTP服务器Server1，结果如图3-9所示。

步骤❹：当PC1成功访问Server1时，选中设备LSW1，右击选择【数据抓包】选项，选择接口Ethernet0/0/1，开始抓包，可以看到HTTP访问过程用的报文，如图3-10所示。

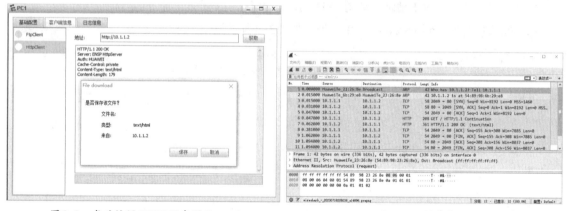

图3-9 成功访问HTTP服务器Server1

图3-10 抓包报文

从抓包报文可见，终端PC1成功访问HTTP服务器Server1。

3.3 实验二：OSPF协议的原理与配置

OSPF作为网络层使用最广泛的动态路由协议，在现网中经常部署，接下来通过一个实验来介绍OSPF协议的原理与配置。

1. 实验目标

（1）掌握网络层协议OSPF的原理与配置。

（2）学会通过OSPF协议实现不同网段之间的通信。

2. 实验拓扑

本实验使用三台AR1220路由器，通过配置OSPF协议实现全网互通，实验拓扑如图3-11所示。

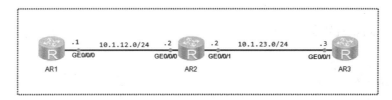

图 3-11　OSPF协议配置实验拓扑

3. 实验步骤

步骤❶：IP地址的配置。

（1）配置路由器AR1，配置命令如下。

```
<Huawei>system-view
[Huawei]sysname AR1
[AR1]interface GigabitEthernet 0/0/0
[AR1-GigabitEthernet0/0/0]ip address 10.1.12.1 24
[AR1-GigabitEthernet0/0/0]quit
```

（2）配置路由器AR2，配置命令如下。

```
<Huawei>system-view
[Huawei]sysname AR2
[AR2]interface GigabitEthernet 0/0/0
[AR2-GigabitEthernet0/0/0]ip address 10.1.12.2 24
[AR2-GigabitEthernet0/0/0]quit
[AR2]interface GigabitEthernet 0/0/1
[AR2-GigabitEthernet0/0/1]ip address 10.1.23.2 24
[AR2-GigabitEthernet0/0/1]quit
```

（3）配置路由器AR3，配置命令如下。

```
<Huawei>system-view
[Huawei]sysname AR3
[AR3]interface GigabitEthernet 0/0/1
[AR3-GigabitEthernet0/0/1]ip address 10.1.23.3 24
[AR3-GigabitEthernet0/0/1]quit
```

步骤❷：OSPF路由协议的配置。

（1）路由器AR1的配置命令如下。

```
[AR1]ospf 1                                    // 启动 OSPF 协议，进程号为 1
[AR1-ospf-1]area 0                             // 进入骨干区域 area 0
[AR1-ospf-1-area-0.0.0.0]network 10.1.12.1 0.0.0.0   // 宣告接口 10.1.12.1
                                                     // 0.0.0.0 代表严格匹配
[AR1-ospf-1-area-0.0.0.0]quit                  // 退出
[AR1-ospf-1]
```

（2）路由器AR2的配置命令如下。

```
[AR2]ospf 1
[AR2-ospf-1]area 0
[AR2-ospf-1-area-0.0.0.0]network 10.1.12.2 0.0.0.0
[AR2-ospf-1-area-0.0.0.0]network 10.1.23.2 0.0.0.0
[AR2-ospf-1-area-0.0.0.0]quit
[AR2-ospf-1]quit
```

（3）路由器AR3的配置命令如下。

```
[AR3]ospf 1
[AR3-ospf-1]area 0
[AR3-ospf-1-area-0.0.0.0]network 10.1.23.3 0.0.0.0
[AR3-ospf-1-area-0.0.0.0]quit
[AR3-ospf-1]quit
```

4. 实验调试

步骤❶：查看AR2的OSPF邻居表，查看命令和结果如下。

```
[AR2]display ospf peer brief
        OSPF Process 1 with Router ID 10.1.12.2
                Peer Statistic Information
 ------------------------------------------------------------------------
Area Id              Interface                   Neighbor id      State
0.0.0.0              GigabitEthernet0/0/0        10.1.12.1        Full
0.0.0.0              GigabitEthernet0/0/1        10.1.23.3        Full
 ------------------------------------------------------------------------
[AR2]
```

以上输出结果表明，AR2有两个OSPF邻居，分别是10.1.12.1和10.1.23.3。其他设备的查看方法类似，这里不再赘述。

步骤❷：查看AR1和AR3通过OSPF协议学习到的路由，查看命令和结果如图3-12和图3-13所示。

图 3-12　查看 AR1 的 OSPF 路由

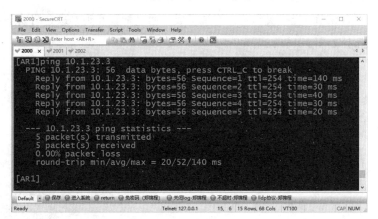

图 3-13　查看 AR3 的 OSPF 路由

步骤❸：测试三台路由器不同网段之间的通信。

（1）在 AR1 上测试与 10.1.23.3/24 的通信情况，测试命令和结果如图 3-14 所示。

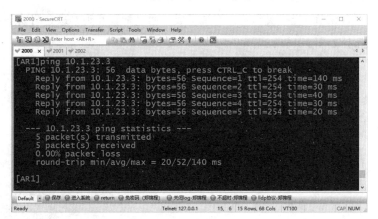

图 3-14　测试 AR1 的连通性

（2）在 AR3 上测试与 10.1.12.1/24 的通信情况，测试命令和结果如图 3-15 所示。

图 3-15 测试 AR3 的连通性

至此，路由器 AR1、AR2 和 AR3 之间通过配置网络层动态路由协议 OSPF，完成了不同网段之间的学习，实现了不同网段之间的互相通信。

3.4 实验三：动态 ARP 的原理与配置

前面两个实验分别介绍了应用层和网络层相关协议的原理与配置，接下来通过一个实验来介绍数据链路层协议 ARP 的原理与配置。

1. 实验目标

（1）掌握数据链路层协议 ARP 表项的参数。

（2）掌握 ARP 表项动态生成的过程。

2. 实验拓扑

本实验拓扑由一台 S3700 交换机和两台终端组成，通过配置和观察来介绍动态 ARP 的表项内容和生成过程，实验拓扑如图 3-16 所示。

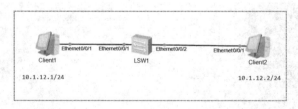

图 3-16 动态 ARP 配置实验拓扑

3. 实验步骤

步骤❶：配置终端设备的 IP 地址。双击 Client1 图标，在弹出的窗口中选择【基础配置】选项卡，在【IPv4 配置】栏中选中【静态】单选按钮，在【IP 地址】和【子网掩码】文本框中分别输入

"10.1.12.1"和"255.255.255.0",单击【应用】按钮完成配置。Client2 的配置步骤与此类似,这里不再赘述。

(1)配置 Client1 的 IP 地址,如图 3-17 所示。

(2)配置 Client2 的 IP 地址,如图 3-18 所示。

图 3-17　配置 Client1 的 IP 地址　　　　　图 3-18　配置 Client2 的 IP 地址

步骤❷:观察默认情况下,终端 Client1 和 Client2 的 ARP 缓存表。

(1)在终端 Client1 中输入"arp –a"查看 ARP 缓存表,如图 3-19 所示。

(2)在终端 Client2 中输入"arp –a"查看 ARP 缓存表,如图 3-20 所示。

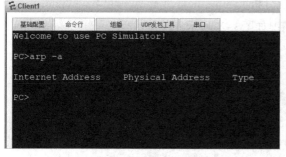

图 3-19　Client1 的缺省 ARP 缓存表　　　　图 3-20　Client2 的缺省 ARP 缓存表

图 3-19 和图 3-20 分别显示了终端 Client1 和 Client2 的缺省 ARP 缓存表,图中倒数第二行各参数的含义如下。

①Internet Address:指的是 IP 地址。

②Physical Address:指的是 MAC 地址。

③Type:IP 地址和 MAC 地址映射关系生成的方式,有动态和静态两种。

由上面的结果可知,缺省情况下终端 Client1 和 Client2 的 ARP 缓存表是空白的。

步骤❸:在 Client1 上访问 Client2,成功访问后,进行以下测试步骤。

(1)查看 Client1 的 ARP 缓存表,如图 3-21 所示。

(2)查看 Client2 的 ARP 缓存表,如图 3-22 所示。

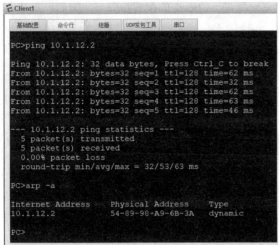

图 3-21　Client1 访问 Client2 及 ARP 缓存表

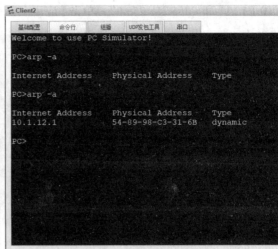

图 3-22　Client2 的 ARP 缓存表

（3）此时 Client1 和 Client2 的 ARP 缓存表都存在了对应的表项，其中 Client1 的 ARP 缓存表通过动态（dynamic）生成的方式学习到了 IP 地址 10.1.12.2 与 MAC 地址 54-89-98-A9-6B-3A 的对应关系。同理，Client2 也通过动态（dynamic）生成的方式学习到了 IP 地址 10.1.12.1 与 MAC 地址 54-89-98-C3-31-6B 的对应关系。以上现象表明，终端 Client1 和 Client2 动态生成了 ARP 缓存表，完成了 Client1 和 Client2 之间的通信。

步骤❹：Client1 成功访问 Client2 后的抓包情况分析。

（1）交换机 LSW1 接口 Ethernet0/0/1 的抓包情况如图 3-23 所示。

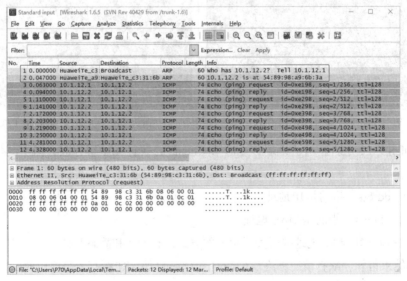

图 3-23　抓包情况

（2）由抓包文件可以看到动态 ARP 的交互报文，点开序号 2 的报文，可知终端 Client1 的 IP 地址 10.1.12.1/24 对应的 MAC 地址为 54-89-98-C3-31-6B，终端 Client2 的 IP 地址 10.1.12.2/24 对应

的MAC地址为54-89-98-A9-6B-3A，且都是动态方式生成并存进了ARP缓存表，内容如图3-24所示。

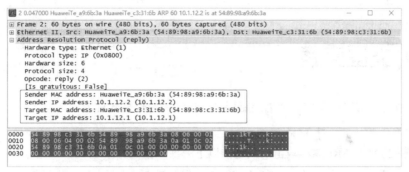

图 3-24 Client2 的 ARP 响应消息

3.5 实验命令汇总

实验中涉及的关键命令如表3-1所示。

表 3-1 实验命令

命令	作用
ping	测试两个系统直连的连通性
system-view	华为VRP系统进入配置视图的命令
sysname	给设备命名
interface	进入接口配置模式
ip address	手工方式配置IP地址
quit	退出当前模式或视图
ospf	进入OSPF协议配置视图
network	OSPF协议宣告网段
display ospf peer brief	查看OSPF邻居简要信息
arp -a	在终端中查看ARP缓存表

3.6 本章知识小结

本章通过介绍OSI参考模型、TCP/IP参考模型及TCP/IP对等模型，讲解了每个模型之间的层级关系，以及每个层级的典型协议。最后通过3个实验，分别从应用层、网络层和数据链路层详细介绍了HTTP、OSPF协议和ARP的工作原理与配置方法，帮助读者理解并掌握所学内容。

3.7 典型真题

（1）[判断题]在OSI模型中，数据链路层之间传输的数据格式称为帧。

A. 正确　　　　　　　　B. 错误

（2）[单选题]针对ARP欺骗攻击的描述，以下哪项是错误的？

A. ARP实现机制只考虑正常业务交互，对非正常业务交互或恶意行为不做任何验证

B. ARP欺骗攻击只能通过ARP应答来实现，无法通过ARP请求实现

C. 当某主机发送正常ARP请求时，攻击者会抢先应答，导致主机建立一个错误的IP和MAC映射关系

D. ARP静态绑定是解决ARP欺骗攻击的一种方案，主要应用在网络规模不大的场所

（3）[单选题]在TCP/IP协议栈中，下列哪项协议工作在应用层？

A. IGMP　　　　　　B. ICMP　　　　　　C. RIP　　　　　　D.ARP

（4）[判断题]HTTP报文使用UDP进行承载，而HTTPS基于TCP三次握手，所以HTTPS比较安全，更推荐使用HTTPS。

A. 正确　　　　　　　　B. 错误

（5）[判断题]当二层交换机收到一个单播帧，且此时交换机的MAC地址表项为空时，交换机会丢弃该单播帧。

A. 正确　　　　　　　　B. 错误

（6）[判断题]SSH是一种较为安全的远程登录方式，为远程用户提供Password和RSA两种验证方式。

A. 正确　　　　　　　　B. 错误

（7）[单选题]关于DNS的特点，以下哪项的描述是错误的？

A. DNS的作用是把难记忆的IP地址转换为容易记忆的字符形式

B. DNS使用TCP，端口号是53

C. DNS域名劫持通过伪造域名解析服务器等手段，将目标域名解析到错误的IP地址，导致用户访问错误的网站

D. DNS按分层管理，最高级别为根域，其次为顶级域名，CN是顶级域名，表示中国

（8）[判断题]在OSI的7层模型中，数据链路层定义了设备的逻辑地址，并提供介质访问。

A. 正确　　　　　　　　B. 错误

（9）［单选题］缺省情况下，以下哪种服务是加密传输的？

A. SSH　　　　　　　　B. FTP　　　　　　　　C. Telnet　　　　　　　　D. HTTP

（10）［单选题］关于TCP/IP协议栈的特点，以下哪项的描述是错误的？

A. 设备接收数据时，会依照TCP/IP模型拆除协议报头，分析载荷信息，这一动作称为解封装

B. 网络的通信过程是在协议栈的对等层进行的，如网络层和网络层通信，数据链路层和数据链路层通信

C. 在设备封装数据时，TCP/IP协议栈在每一层上对数据都设置了校验机制

D. 设备发送数据时，会将数据依照TCP/IP模型添加上特定的协议报头信息，这一动作称为封装

（11）［多选题］以下哪些协议能够保证数据传输的机密性？

A. Telnet　　　　　　　B. SSH　　　　　　　　C. FTP　　　　　　　　D. HTTPS

第4章
防火墙登录实验

本章将详细介绍防火墙的多种登录方式，其中包含Console口、Web界面、Telnet和SSH等。

4.1 防火墙登录概述

通过Console口、Web界面、Telnet和SSH等方式都可以登录防火墙，管理员根据实际场景需要灵活选择登录方式，有利于提高运维效率。

1. 登录方式的介绍

（1）Console口方式登录防火墙。

①Console口（串口）属于物理接口，在设备部署、组网时，可以通过物理隔离防止恶意用户通过Console口登录防火墙。

②Console口登录支持密码认证和AAA认证两种方式，当设备第一次启用时，可以通过Console口进行第一次配置。

③Console口登录密码认证不安全，建议使用AAA认证，通过用户名和密码验证用户。

（2）Web界面方式登录防火墙。

①设备对外提供Web服务，管理员可以使用AAA认证的用户登录防火墙的Web管理页面来配置业务。

②Web界面登录防火墙都是图形化操作，适合对CLI命令行不太熟悉的用户。

（3）Telnet方式登录防火墙。

①Telnet是一种明文传输数据的协议，不具有加密功能，非常不安全。

②Telnet协议基于TCP，端口号为23。

③Telnet协议支持密码认证和RSA认证。

（4）SSH方式登录防火墙。

①SSH是一种加密传输数据的协议，具有加密功能，较为安全。

②SSH协议基于TCP，端口号为22。

③SSH协议支持密码认证和RSA认证。

2. 登录方式的区别

（1）从带内管理和带外管理角度比较。

①带内管理：Web界面、Telnet和SSH等登录方式属于带内管理方式。

②带外管理：Console口登录属于带外管理方式。

（2）从命令行和图形化角度比较。

①命令行：Console口、Telnet和SSH等登录方式属于CLI命令行方式。

②图形化：Web界面登录属于图形化方式。

4.2 实验一: Console口登录防火墙

Console口是进行设备初次登录配置的常用方法,接下来通过一个实验配置,帮助读者理解Console口登录防火墙。

1. 实验目标

(1)掌握Console口登录防火墙的配置方法。
(2)掌握Console口登录防火墙的基本原理。

2. 实验拓扑

本实验使用一根CTL线连接终端和防火墙,实验拓扑如图4-1所示。

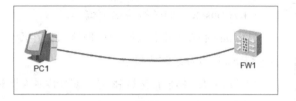

图4-1　Console口登录防火墙实验拓扑

3. 实验步骤

步骤❶: 连接设备。在真实网络场景中,我们需要通过Console线,即CTL线,一端连接计算机的接口,另一端连接防火墙设备的Console口,实现配置终端与防火墙之间的连接。

步骤❷: 配置终端连接参数。

(1)双击PC1图标,在弹出的窗口中选择【串口】选项卡,参数保持默认,如图4-2所示。

(2)单击【连接】按钮,连接防火墙设备,成功连接后可以进行配置,如图4-3所示。

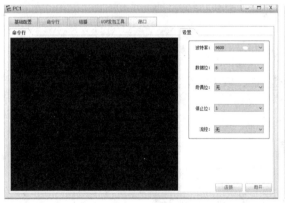

图4-2　设备终端参数

图4-3　连接防火墙

4.3 实验二: Web界面登录防火墙

不同于Console口登录方式,Web界面登录防火墙全程是图形化操作,在现网中得到了广泛应用。下面详细介绍Web界面登录防火墙的配置方法和基本原理。

1. 实验目标

（1）掌握Web界面登录防火墙的配置方法。

（2）掌握Web界面登录防火墙的基本原理。

2. 实验拓扑

本实验通过在eNSP中桥接本地真实计算机网卡VMware 8（读者根据自己计算机的实际情况进行选择），并通过线缆连接防火墙进行配置，实验拓扑如图4-4所示。

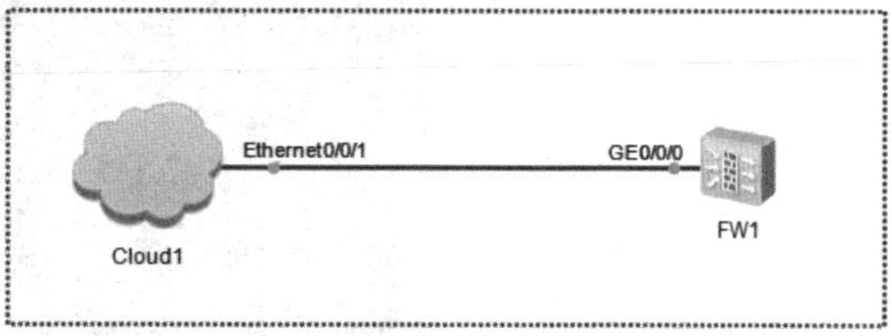

图4-4　Web界面登录防火墙实验拓扑

3. 实验步骤

步骤❶：配置设备名称和IP地址。

（1）配置FW1的设备名称并修改密码。

```
Username:admin
Password: // 此处输入默认密码 Admin@123
The password needs to be changed. Change now? [Y/N]: y
Please enter old password:    // 此处再次输入默认密码 Admin@123
Please enter new password:    // 此处输入新密码 Huawei@123
Please confirm new password: // 此处再次输入新密码 Huawei@123
 Info: Your password has been changed. Save the change to survive a reboot.
***************************************************************
*         Copyright (C) 2014-2018 Huawei Technologies Co., Ltd.     *
*                         All rights reserved.                      *
*              Without the owner's prior written consent,           *
*         no decompiling or reverse-engineering shall be allowed.   *
***************************************************************
<USG6000V1>undo terminal trapping
<USG6000V1>system-view
[USG6000V1]undo info-center enable
[USG6000V1]user-interface console 0
[USG6000V1-ui-console0]idle-timeout 0 0
[USG6000V1-ui-console0]sysname FW1
[FW1]interface g1/0/0
[FW1-GigabitEthernet1/0/0]ip address 10.1.11.254 24
[FW1-GigabitEthernet1/0/0]quit
[FW1]
```

（2）配置防火墙接口GE0/0/0 IP地址。由于华为USG6000V防火墙默认情况下会把接口GE0/0/0作为管理接口（又称为MGMT接口），因此该接口缺省情况下，已经配置了IP地址，IP地址为192.168.0.1/24，并且该接口已经划分进安全区域Trust，具体如图4-5所示。

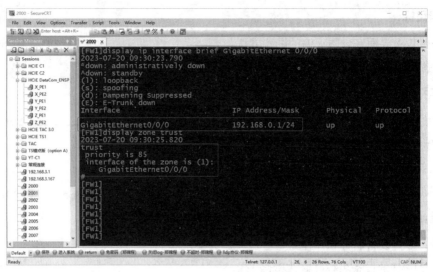

图 4-5　防火墙 MGMT 接口

（3）设置本地真实计算机网卡 VMware 8 的 IP 地址，这里配置为 192.168.0.2/24，如图 4-6 所示。

步骤❷：桥接本地计算机网卡 VMware 8，前文已经详细介绍过桥接方法，这里不再赘述，桥接结果如图 4-7 所示。

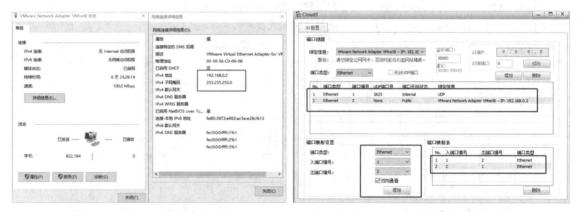

图 4-6　VMware 8 的 IP 地址配置　　　　　　图 4-7　桥接网卡 VMware 8

步骤❸：配置防火墙接口 GE0/0/0 放行 ICMP 和 Web 流量。

```
[FW1]interface GigabitEthernet 0/0/0
[FW1-GigabitEthernet0/0/0]service-manage ping permit
[FW1-GigabitEthernet0/0/0]service-manage https permit
[FW1-GigabitEthernet0/0/0]service-manage http permit
[FW1-GigabitEthernet0/0/0]quit
```

步骤❹：测试本地计算机 Web 界面登录防火墙 FW1。

（1）在本地真实计算机中打开浏览器，这里使用谷歌浏览器，在搜索框中输入 "https://192.168.0.1:8443"，如图 4-8 所示。

（2）单击【高级】按钮，单击【继续前往192.168.0.1（不安全）】链接，如图4-9所示。

图4-8　Web界面登录防火墙FW1　　　　　　　　　　图4-9　继续访问

（3）输入账号admin，密码Huawei@123，完成登录操作，如图4-10所示。

图4-10　成功登录防火墙

4.4　实验三：Telnet登录防火墙

Telnet登录防火墙是我们日常工作中经常用到的方法，接下来通过一个实验配置，帮助读者更好地掌握Telnet协议。

1. 实验目标

（1）掌握Telnet登录防火墙的配置命令。

（2）掌握Telnet登录防火墙的基本原理。

2. 实验拓扑

本实验使用一台AR1220路由器和一台USG6000V防火墙，并使用网线相连，实验拓扑如图4-11所示。

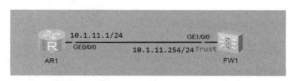

图4-11　Telnet登录防火墙实验拓扑

3. 实验步骤

步骤❶：配置AR1和FW1的设备名称和IP地址。

（1）配置AR1的设备名称和IP地址。

```
<Huawei>undo terminal trapping                    // 关闭日志信息提示
<Huawei>system-view                               // 进入系统配置视图
[Huawei]undo info-center enable                   // 关闭信息提示
[Huawei]user-interface console 0                  // 进入 Console 口配置视图
[Huawei-ui-console0]idle-timeout 0 0              // 设置永不超时退出
[Huawei-ui-console0]sysname AR1                    // 设备命名为 AR1
[AR1]interface g0/0/0                              // 进入接口 GE0/0/0 配置视图
[AR1-GigabitEthernet0/0/0]ip address 10.1.11.1 24 // 配置 IP 地址
[AR1-GigabitEthernet0/0/0]quit                     // 退出
[AR1]
```

（2）配置FW1的设备名称和IP地址。

```
Username:admin
Password: // 此处输入默认密码 Admin@123
The password needs to be changed. Change now? [Y/N]: y
Please enter old password: // 此处再次输入默认密码 Admin@123
Please enter new password: // 此处输入新密码 Huawei@123
Please confirm new password: // 此处再次输入新密码 Huawei@123
 Info: Your password has been changed. Save the change to survive a reboot.
*****************************************************************
*         Copyright (C) 2014-2018 Huawei Technologies Co., Ltd.    *
*                     All rights reserved.                         *
*            Without the owner's prior written consent,            *
*        no decompiling or reverse-engineering shall be allowed.   *
```

```
*********************************************************************
<USG6000V1>undo terminal trapping
<USG6000V1>system-view
[USG6000V1]undo info-center enable
[USG6000V1]user-interface console 0
[USG6000V1-ui-console0]idle-timeout 0 0
[USG6000V1-ui-console0]sysname FW1
[FW1]interface g1/0/0
[FW1-GigabitEthernet1/0/0]ip address 10.1.11.254 24
[FW1-GigabitEthernet1/0/0]quit
[FW1]
```

步骤❷：配置防火墙FW1，实现AR1能Telnet登录防火墙FW1，配置命令如下。

```
[FW1]interface g1/0/0    //进入接口配置视图
[FW1-GigabitEthernet1/0/0]service-manage telnet permit    //配置接口允许Telnet
                                                          //流量通行
[FW1-GigabitEthernet1/0/0]quit    //退出
[FW1]firewall zone trust          //进入防火墙安全区域Trust
[FW1-zone-trust] add interface GigabitEthernet 1/0/0    //添加接口GE1/0/0
                                                        //进安全区域Trust
[FW1-zone-trust]quit
[FW1]telnet server enable         //开启Telnet服务功能
[FW1]user-interface vty 0 4       //进入VTY配置视图
[FW1-ui-vty0-4] authentication-mode aaa    //修改认证方式为AAA
[FW1-ui-vty0-4] user privilege level 15    //用户权限设置为最高值15
[FW1-ui-vty0-4] idle-timeout 0 0           //设备VTY登录永远不超时
[FW1-ui-vty0-4] protocol inbound telnet    //允许通过Telnet方式登录本设备
[FW1-ui-vty0-4]quit
[FW1]aaa    //进入AAA配置视图
[FW1-aaa] manager-user huawei_8            //创建管理员用户huawei_8
[FW1-aaa-manager-user-huawei_8]password cipher Huawei@123   //设置密码为
                                                           //Huawei@123
[FW1-aaa-manager-user-huawei_8]service-type telnet    //设置可提供服务为Telnet
[FW1-aaa-manager-user-huawei_8]level 15    //设置用户级别为15
[FW1-aaa-manager-user-huawei_8]quit
[FW1-aaa]bind manager-user huawei_8 role system-admin    //绑定用户huawei_8为
                                                         //系统管理员
[FW1-aaa]quit
[FW1]
```

步骤❸：在AR1上测试Telnet登录防火墙FW1，成功登录后，可以在AR1的命令行下配置防火墙FW1，如图4-12所示。

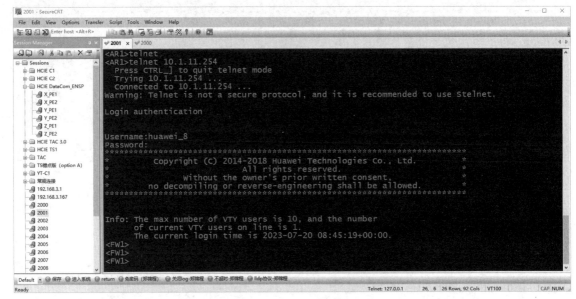

图4-12　AR1 Telnet登录防火墙

步骤❹：Telnet登录过程抓包分析。

（1）通过在FW1的接口GE1/0/0上进行抓包，可以发现Telnet协议是基于传输层协议TCP，报文截图如图4-13所示。

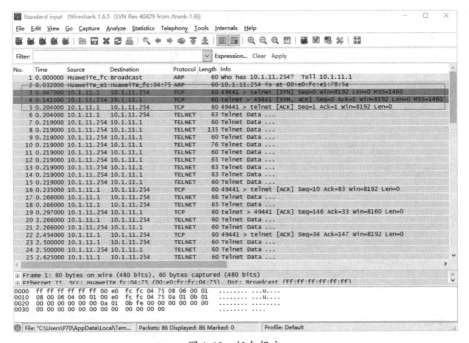

图4-13　抓包报文

（2）打开抓取到的报文，细心的读者如果打开全部的"Telnet Data"，可以发现Telnet协议在传输过程中采用明文方式，非常不安全，如图4-14所示。

```
20 2.266000 10.1.11.1 10.1.11.254 TELNET 60 Telnet Data ...                          —    □    ×
⊞ Frame 20: 60 bytes on wire (480 bits), 60 bytes captured (480 bits)
⊞ Ethernet II, Src: HuaweiTe_fc:04:75 (00:e0:fc:fc:04:75), Dst: HuaweiTe_e1:78:5a (00:e0:fc:e1:78:5a)
⊞ Internet Protocol Version 4, Src: 10.1.11.1 (10.1.11.1), Dst: 10.1.11.254 (10.1.11.254)
⊟ Transmission Control Protocol, Src Port: 49441 (49441), Dst Port: telnet (23), Seq: 33, Ack: 146, Len: 1
      Source port: 49441 (49441)
      Destination port: telnet (23)
      [Stream index: 0]
      Sequence number: 33     (relative sequence number)
      [Next sequence number: 34     (relative sequence number)]
      Acknowledgement number: 146     (relative ack number)
      Header length: 20 bytes
   ⊞ Flags: 0x18 (PSH, ACK)
      Window size value: 8192
      [Calculated window size: 8192]
      [Window size scaling factor: -2 (no window scaling used)]
   ⊞ Checksum: 0xa463 [validation disabled]
   ⊞ [SEQ/ACK analysis]
⊟ Telnet
      Data: h
                        账号huawei_8的第一个字母，继续查看剩下的Telnet Data，你会发现账号
                        huawei_8和密码Huawei@123都可以明文查看到。
0000  00 e0 fc e1 78 5a 00 e0  fc fc 04 75 08 00 45 c0    ....xZ.. ...u..E.
0010  00 29 00 06 00 00 ff 06  90 08 0a 01 0b 01 0a 01    .)...... ........
0020  0b fe c1 21 00 17 bf 41  3d 32 f5 25 a5 94 50 18    ...!...A =2.%..P.
0030  20 00 a4 63 00 00 68 00  00 00 00 00                 ..c..h. ....
```

图 4-14　Telnet 明文传输

4.5　实验四：SSH 登录防火墙

SSH 是具有加密功能的协议，在传输过程中采用密文方式传递信息，相比 Telnet 协议更加安全可靠，所以 SSH 登录防火墙适用于对安全性要求比较高的场景。接下来通过一个实验来介绍 SSH 登录防火墙的配置命令和基本原理。

1. 实验目标

（1）掌握 SSH 登录防火墙的配置命令。

（2）掌握 SSH 登录防火墙的基本原理。

2. 实验拓扑

本实验通过桥接本地计算机网卡 VMware 8，与 eNSP 中的防火墙进行相连，实验拓扑如图 4-15 所示。

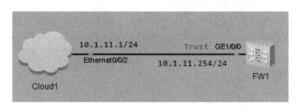

图 4-15　SSH 登录防火墙实验拓扑

3. 实验步骤

步骤❶：配置设备名称和 IP 地址。

（1）配置网卡 VMware 8 的 IP 地址，如图 4-16 所示。

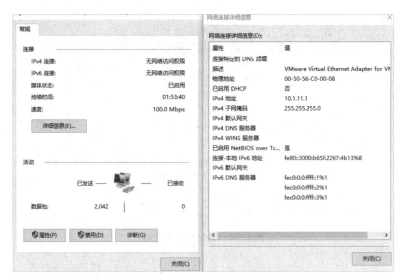

图4-16　VMware 8 IP地址配置

（2）配置防火墙FW1的设备名称和IP地址。USG6000V防火墙初始情况下的账号和密码分别为admin和Admin@123，首次登录USG防火墙需要修改密码，这里改成Huawei@123，账号保持默认的admin，具体配置命令如下。

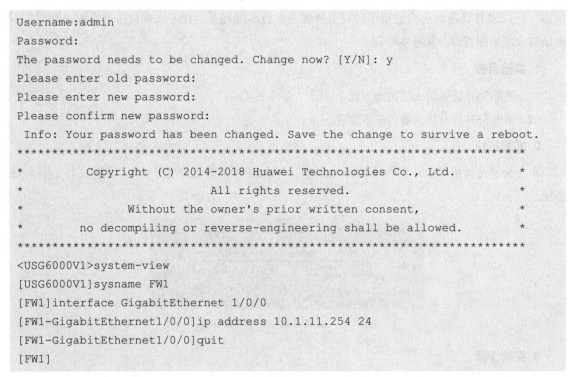

```
Username:admin
Password:
The password needs to be changed. Change now? [Y/N]: y
Please enter old password:
Please enter new password:
Please confirm new password:
 Info: Your password has been changed. Save the change to survive a reboot.
***************************************************************************
*         Copyright (C) 2014-2018 Huawei Technologies Co., Ltd.         *
*                       All rights reserved.                            *
*              Without the owner's prior written consent,               *
*         no decompiling or reverse-engineering shall be allowed.       *
***************************************************************************
<USG6000V1>system-view
[USG6000V1]sysname FW1
[FW1]interface GigabitEthernet 1/0/0
[FW1-GigabitEthernet1/0/0]ip address 10.1.11.254 24
[FW1-GigabitEthernet1/0/0]quit
[FW1]
```

步骤❷：桥接本地计算机网卡，桥接方法前文已经详细介绍过，这里不再赘述，桥接完成后，如图4-17所示。

图4-17　桥接本地计算机网卡

步骤❸：防火墙SSH登录配置。

（1）设置防火墙超时退出时间和日志弹出。

```
[FW1]undo info-center enable
[FW1]user-interface console 0
[FW1-ui-console0]idle-timeout 0 0
[FW1-ui-console0]quit
```

（2）配置接口允许协议和划分安全区域。

```
[FW1]interface g1/0/0
[FW1-GigabitEthernet1/0/0]service-manage all permit
[FW1-GigabitEthernet1/0/0]firewall zone trust
[FW1-zone-trust] add interface GigabitEthernet 1/0/0
[FW1-zone-trust]quit
```

（3）配置VTY接口参数，允许SSH协议。

```
[FW1]user-interface vty 0 4
[FW1-ui-vty0-4] authentication-mode aaa
[FW1-ui-vty0-4] user privilege level 15
[FW1-ui-vty0-4] idle-timeout 0 0
[FW1-ui-vty0-4] protocol inbound ssh
[FW1-ui-vty0-4]quit
```

（4）在AAA中配置登录的用户账号和密码等参数。

```
[FW1]aaa
[FW1-aaa] manager-user huawei_9
[FW1-aaa-manager-user-huawei_9]password cipher Huawei@789
```

```
[FW1-aaa-manager-user-huawei_9]service-type ssh
[FW1-aaa-manager-user-huawei_9]level 15
[FW1-aaa-manager-user-huawei_9]quit
[FW1-aaa]bind manager-user huawei_9 role system-admin
[FW1-aaa]quit
```

（5）开启SSH服务。

```
[FW1]stelnet server enable
```

（6）全局配置视图下配置SSH用户等参数。

```
[FW1]ssh user huawei_9
[FW1]ssh user huawei_9 authentication-type password
[FW1]ssh user huawei_9 service-type stelnet
```

（7）防火墙本地生成密钥对。

```
[FW1]rsa local-key-pair create
The key name will be: FW1_Host
The range of public key size is (2048—2048).
NOTES: If the key modulus is greater than 512,
       it will take a few minutes.
Input the bits in the modulus[default = 2048]:
Generating keys...
.+++++
........................++
....++++
............++
[FW1]
```

步骤❹：测试本地计算机SSH登录防火墙FW1。

（1）按【Win+R】快捷键打开【运行】对话框，如图4-18所示。

（2）在【运行】对话框中输入"cmd"并单击【确定】按钮，进入命令行窗口，如图4-19所示。

图4-18 【运行】对话框

图4-19 命令行窗口

（3）在命令行窗口中输入"ssh huawei_9@10.1.11.254"，其中huawei_9是用户名，成功登录防火墙FW1，结果如图4-20所示。

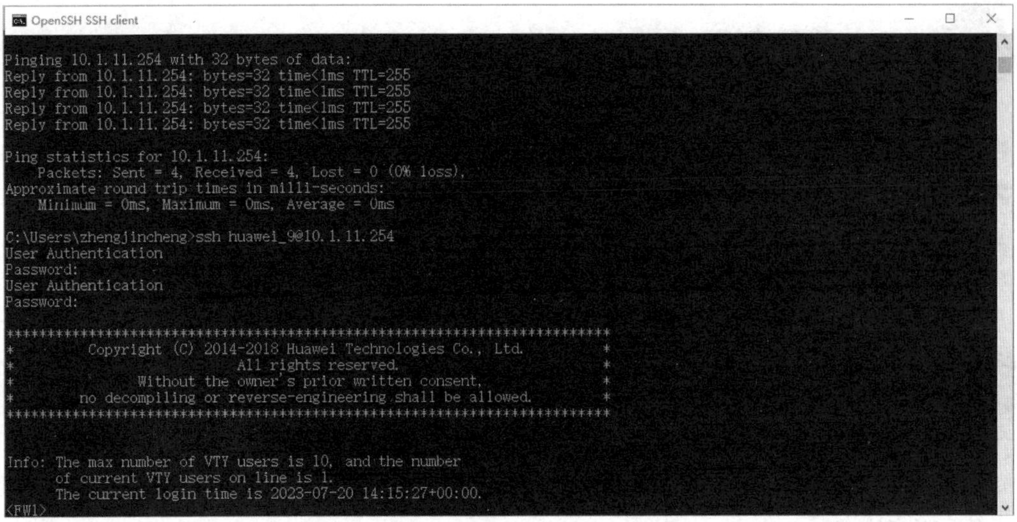

图 4-20 成功登录防火墙 FW1

4.6 实验命令汇总

本章通过 4 个实验详细介绍了登录防火墙的 4 种方式，现在针对 4 个实验中涉及的部分命令进行总结，便于读者对命令的理解，如表 4-1 所示。

表 4-1 实验命令

命令	作用
undo terminal trapping	关闭终端显示告警信息功能
user-interface console 0	进入 Console 口配置视图
idle-timeout 0 0	设置超时时间为 0 分 0 秒，即永不超时
service-manage	设置接口允许通过的服务
authentication-mode aaa	配置认证方式为 AAA
protocol inbound telnet	允许通过 Telnet 协议登录进来
bind manager-user huawei_8 role system-admin	把用户 huawei_8 设置为系统管理员
manager-user huawei_9	创建用户 huawei_9
password cipher Huawei@789	设置密码为加密方式的 Huawei@789
service-type ssh	可使用的服务类型为 SSH
ssh user	创建、配置 SSH 用户名、密码和权限
rsa local-key-pair create	在防火墙中创建本地密钥对

4.7 本章知识小结

本章重点介绍了登录防火墙的4种方式，并结合实验做了详细的分析和验证，读者认真学习后可以掌握其中的配置命令和基本原理，在工作中遇到类似场景，就可以灵活选择对应的登录方式实现防火墙登录和配置。

4.8 典型真题

（1）[单选题]使用抓包软件在某终端设备上抓取了部分报文，报文内容如下，关于该报文信息，以下哪项是正确的？

```
192.168.1.2  192.168.1.1  TCP   rnfs>http[SYN] seq=0 win=8192 Len=0 MSS=1460
192.168.1.1  192.168.1.2  TCP   http>nfs[SYN,ACK] seq=0Ack=1 win=8192 Len=0
MSS=1460
192.168.1.2  192.168.1.1  TCP   rnfs>http[ACK] seq=1Ack=1 Win=8192 Len=0
```

A. 该终端向192.1681.1发起了TCP连接终止请求

B. 该终端使用Telnet登录其他设备

C. 该终端向192.1681.1发起了TCP连接建立请求

D. 该终端使用HTTP登录其他设备

（2）[单选题]以下哪项是USG系列防火墙初次登录的用户名/密码？

A. 用户名admin/密码Admin@123　　　　　　　B. 用户名admin/密码admin@123

C. 用户名admin/密码admin　　　　　　　　　D. 用户名admin/密码Admin123

（3）[单选题]管理员通过GE1/0/0接口（已将该接口加入Trust区域）连接到防火墙，如果允许管理员通过GE1/0/0登录防火墙进行配置管理，该如何配置安全策略中放行的流量方向？

A. 放行Trust区域到Untrust区域的流量

B. 放行Trust区域到Local区域的流量

C. 放行Local区域到Local区域的流量

D. 放行Trust区域到Trust区域的流量

（4）[判断题]如果管理员使用缺省的default认证域对用户进行验证，则用户登录时只需要输入用户名；如果管理员使用新创建的认证域对用户进行认证，则用户登录时需要输入"用户名@认证域名"。

A. 正确　　　　　　　　B. 错误

（5）[单选题]设备初次上电使用时，需要通过以下哪种方式进行登录？

A. Console 口   B. SSH   C. Telnet   D. FTP

（6）[单选题]关于Telnet服务的特点，以下哪项的描述是错误的？

A. Telnet可用于远程登录主机，可通过暴力破解获取到Telnet的账号和密码

B. 默认情况下，华为防火墙禁止远程用户使用Telnet登录

C. 通过Telnet服务，用户可在本地计算机上连接远程主机

D. Telnet是一种远程登录服务协议，使用UDP的23端口号

（7）[判断题]SSH是一种较为安全的远程登录方式，为远程用户提供Password和RSA两种验证方式。

A. 正确   B. 错误

（8）[填空题]管理员在使用命令行配置远程登录防火墙时，需要创建多个用户，并向不同用户分配不同的设备权限。因此，管理员需要用_____创建用户。（请使用英文，全小写）

第5章
安全区域

　　通过前面章节的学习，我们已经可以登录、配置和管理华为USG防火墙了。要想更熟练地掌握和配置华为安全设备，还需要学习安全区域的相关知识。本章将重点介绍安全区域的基本原理和实现方法。

　　安全区域（Security Zone）简称为区域（Zone），是安全设备引入的一个安全概念。安全区域是防火墙判断流量"从哪里来，到哪里去"的重要凭据，所以要想熟练配置华为安全设备，就一定要掌握安全区域的原理和配置方法。

5.1 安全区域概述

安全区域是防火墙进行流量控制的"关卡",掌握安全区域的基本原理和配置方法是灵活配置华为USG防火墙的前提。接下来重点介绍安全区域的概念、特点和优先级等内容。

1. 安全区域的概念

安全区域是若干接口所连网络的集合,这些网络中的用户具有相同的安全属性,是防火墙区别于路由器的主要特性。防火墙通过安全区域来划分网络、标识报文流动的"路线",当报文在不同的安全区域之间流动时,才会触发安全检查。

防火墙认为在同一安全区域内部发生的数据流动是不存在安全风险的,不需要实施任何安全策略。只有当不同安全区域之间发生数据流动时,才会触发设备的安全检查,并实施相应的安全策略。

2. 默认安全区域

华为防火墙的安全区域可分为默认安全区域和用户自定义安全区域。其中,默认安全区域分别为Local、Trust、DMZ和Untrust。

(1)Local区域:网络的受信任程度最高,防火墙及其接口都属于Local区域。

(2)Trust区域:网络的受信任程度高,通常用来定义内部用户所在的网络,即内网。

(3)DMZ区域:网络的受信任程度中等,通常用来定义内部服务器所在的网络。

(4)Untrust区域:网络的受信任程度低,通常用来定义Internet等不安全的网络,如连接外网。

这些默认的安全区域不能被删除,优先级也无法被重新配置或删除。

可以根据实际组网需要,自行创建安全区域并定义其优先级,但自定义的安全区域名称和优先级不能与默认安全区域相同。

在华为USG防火墙默认的4个安全区域中,Local是最特殊的一个。当华为USG防火墙作为流量的响应方或发起方时,Local区域充当了重要的角色。Local区域具有以下特点。

(1)防火墙上提供的Local区域,代表防火墙本身。

(2)由防火墙主动发出和响应的报文均可认为是从Local区域中发出和响应的。

(3)Local区域中不能添加任何接口,但防火墙上的所有业务接口本身都属于Local区域。

(4)由于Local区域的特殊性,在很多需要设备本身进行报文收发的应用中,需要开放对端所在安全区域与Local区域之间的安全策略。例如,Telnet登录、Web登录、SSH(STelnet)登录等。

3. 安全区域优先级

华为防火墙划分安全区域后,防火墙用优先级表示受信任程度不同的网络。在华为防火墙上,每个安全区域都有一个唯一的优先级,用1至100的数字表示,数字越大,则代表该区域内的网络越可信。

默认安全区域的受信任程度从高到低分别为Local、Trust、DMZ和Untrust,这4个安全区域都有独一无二的"priority"数值且不能修改和删除。

默认安全区域优先级如表 5-1 所示。

表 5-1　默认安全区域优先级

安全区域	优先级	说明
Local	100	防火墙本身，包含接口
Trust	85	一般内网划分进 Trust 区域
DMZ	50	内网服务器所在区域
Untrust	5	Untrust 区域一般是连接外网

4. 安全域间与方向

安全域间（Interzone）这个概念用来描述流量的传输通道，它是两个安全区域之间的唯一"道路"。如果希望对经过这条通道的流量进行检测，就必须在通道上设立"关卡"，如 ASPF 等功能。

任意两个安全区域都构成一个安全域间，并具有单独的安全域间视图。

安全域间的数据流动具有方向性，包括入方向（Inbound）和出方向（Outbound）。入方向和出方向的定义如下。

（1）入方向：数据由低优先级的安全区域向高优先级的安全区域传输。

（2）出方向：数据由高优先级的安全区域向低优先级的安全区域传输。

5.2 安全区域实验

学习完安全区域的相关知识，接下来我们通过一个实验来看看安全区域是如何工作的。考虑到工作场景，本实验防火墙 FW1 的关键配置包含 CLI 命令行和 Web 界面两种配置方式，方便读者查阅。

1. 实验目标

（1）理解安全区域的概念。

（2）掌握安全区域的配置命令。

（3）掌握相同安全区域内流量互访的特点。

（4）掌握华为防火墙接口 service-manage 命令的配置方法。

2. 实验拓扑

接下来，我们通过 eNSP 实现安全区域实验配置，设备包含一台 6000V 型号的 USG 防火墙和三台 AR1220 型号的路由器，其中防火墙 FW1 与本地计算机进行了桥接（桥接方法请参考前文介绍），实验拓扑如图 5-1 所示。

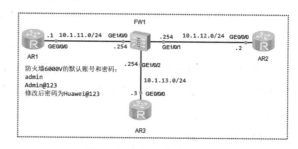

图 5-1　安全区域实验拓扑

3. IP 地址配置

现在开始进行实验配置，首先对本实验涉及的四台设备进行基础配置。

华为防火墙（如下面的 FW1）初次登录需要输入账号和密码，并且要求更改密码。防火墙 6000V 的默认账号和密码分别为 admin 和 Admin@123，登录后需要修改密码，本实验中都改成 Huawei@123。具体配置命令如下。

```
Username:admin        // 输入账号 admin
Password:             // 此处输入默认密码 Admin@123
The password needs to be changed. Change now? [Y/N]: y    // 同意修改密码
Please enter old password:    // 此处输入默认密码 Admin@123
Please enter new password:    // 此处输入新密码 Huawei@123
Please confirm new password:  // 此处再次输入新密码 Huawei@123


 Info: Your password has been changed. Save the change to survive a reboot.
***************************************************************************
*        Copyright (C) 2014-2018 Huawei Technologies Co., Ltd.       *
*                     All rights reserved.                           *
*             Without the owner's prior written consent,             *
*        no decompiling or reverse-engineering shall be allowed.     *
***************************************************************************
<USG6000V1>
```

各设备 IP 地址配置如下。

步骤❶：设备 FW1 的 IP 地址 CLI 命令行配置命令如下。

```
[FW1]interface GigabitEthernet 1/0/0
[FW1-GigabitEthernet1/0/0]ip address 10.1.11.254 24
[FW1-GigabitEthernet1/0/0]quit
[FW1]interface GigabitEthernet 1/0/1
[FW1-GigabitEthernet1/0/1]ip address 10.1.12.254 24
[FW1-GigabitEthernet1/0/1]quit
[FW1]interface GigabitEthernet 1/0/2
[FW1-GigabitEthernet1/0/2]ip address 10.1.13.254 24
[FW1-GigabitEthernet1/0/2]quit
[FW1]
```

步骤❷：设备 FW1 的 IP 地址 Web 界面配置方法如下。

（1）在 Web 界面中，选择【网络】→【接口】选项，选择对应接口，单击【编辑】图标进行 IP 地址配置，如图 5-2 所示。

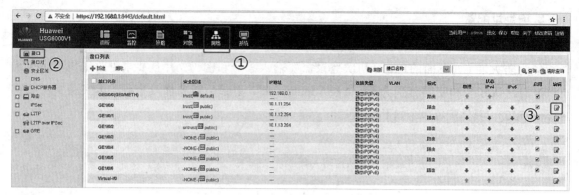

图5-2 编辑网络接口

（2）选择接口GE1/0/0，单击【编辑】图标，在IPv4对应的【IP地址】文本框中输入IP地址和掩码，如图5-3所示。这里以接口GE1/0/0为例，其他接口类似，不再赘述。

图5-3 配置接口的IP地址

步骤❸：设备AR1的IP地址配置命令如下。

```
[AR1]interface GigabitEthernet 0/0/0
[AR1-GigabitEthernet0/0/0]ip address 10.1.11.1 24
[AR1-GigabitEthernet0/0/0]quit
[AR1]
```

步骤❹：设备AR2的IP地址配置命令如下。

```
[AR2]interface GigabitEthernet 0/0/0
[AR2-GigabitEthernet0/0/0]ip address 10.1.12.2 24
[AR2-GigabitEthernet0/0/0]quit
[AR2]
```

步骤❺：设备AR3的IP地址配置命令如下。

```
[AR3]interface GigabitEthernet 0/0/0
[AR3-GigabitEthernet0/0/0]ip address 10.1.13.3 24
[AR3-GigabitEthernet0/0/0]quit
[AR3]
```

步骤❻：完成IP地址配置后，请检查配置是否有误，设备FW1检查结果如下。

```
[FW1]display ip interface brief
2023-07-12 07:32:26.830
*down: administratively down
^down: standby
(l) : loopback
(s) : spoofing
(d) : Dampening Suppressed
(E) : E-Trunk down
The number of interface that is UP in Physical is 5
The number of interface that is DOWN in Physical is 5
The number of interface that is UP in Protocol is 5
The number of interface that is DOWN in Protocol is 5
Interface                      IP Address/Mask      Physical    Protocol
GigabitEthernet0/0/0           192.168.0.1/24       down        down
GigabitEthernet1/0/0           10.1.11.254/24       up          up
GigabitEthernet1/0/1           10.1.12.254/24       up          up
GigabitEthernet1/0/2           10.1.13.254/24       up          up
GigabitEthernet1/0/3           unassigned           down        down
GigabitEthernet1/0/4           unassigned           down        down
GigabitEthernet1/0/5           unassigned           down        down
GigabitEthernet1/0/6           unassigned           down        down
[FW1]
```

步骤❼：防火墙FW1检查接口的配置情况，Web界面方式如图5-4所示。

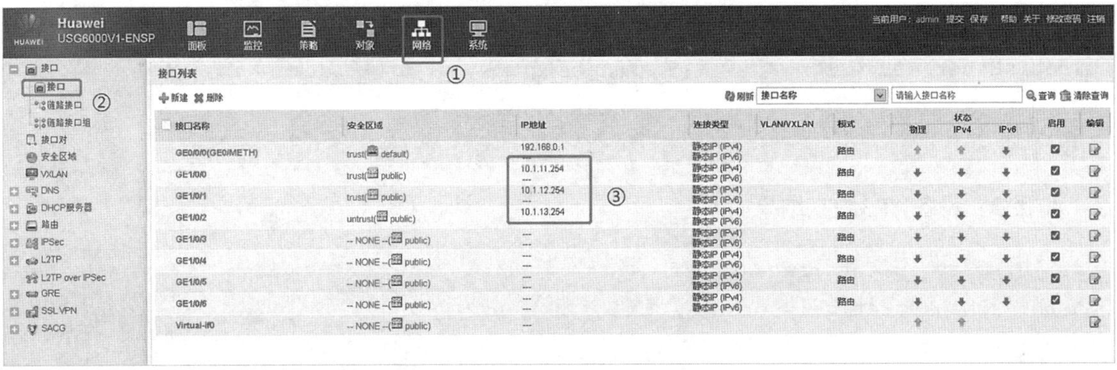

图5-4　查看FW1接口的IP地址

HCIA-Security
实验指导手册

步骤❽：设备AR1检查结果如下。

```
[AR1]display ip interface brief
*down: administratively down
^down: standby
(l) : loopback
(s) : spoofing
The number of interface that is UP in Physical is 2
The number of interface that is DOWN in Physical is 1
The number of interface that is UP in Protocol is 2
The number of interface that is DOWN in Protocol is 1

Interface                      IP Address/Mask     Physical    Protocol
GigabitEthernet0/0/0           10.1.11.1/24        up          up
GigabitEthernet0/0/1           unassigned          down        down
NULL0                          unassigned          up          up(s)
[AR1]
```

步骤❾：设备AR2检查结果如下。

```
[AR2]display ip interface brief
*down: administratively down
^down: standby
(l) : loopback
(s) : spoofing
The number of interface that is UP in Physical is 2
The number of interface that is DOWN in Physical is 1
The number of interface that is UP in Protocol is 2
The number of interface that is DOWN in Protocol is 1

Interface                      IP Address/Mask     Physical    Protocol
GigabitEthernet0/0/0           10.1.12.2/24        up          up
GigabitEthernet0/0/1           unassigned          down        down
NULL0                          unassigned          up          up(s)
[AR2]
```

步骤❿：设备AR3检查结果如下。

```
[AR3]display ip interface brief
*down: administratively down
^down: standby
(l) : loopback
(s) : spoofing
```

```
The number of interface that is UP in Physical is 2
The number of interface that is DOWN in Physical is 1
The number of interface that is UP in Protocol is 2
The number of interface that is DOWN in Protocol is 1


Interface                        IP Address/Mask      Physical    Protocol
GigabitEthernet0/0/0             10.1.13.3/24         up          up
GigabitEthernet0/0/1             unassigned           down        down
NULL0                            unassigned           up          up(s)
[AR3]
```

步骤⓫：测试AR1、AR2、AR3与FW1之间的直连通信情况。

设备FW1检查结果如下。

```
[FW1]ping 10.1.11.1    // 测试 FW1 与 AR1 之间的连通性
  PING 10.1.11.1: 56  data bytes, press CTRL_C to break
    Request time out
    Request time out
    Request time out
    Request time out
    Request time out

  --- 10.1.11.1 ping statistics ---
    5 packet(s) transmitted
    0 packet(s) received
    100.00% packet loss


[FW1]ping 10.1.12.2    // 测试 FW1 与 AR2 之间的连通性
  PING 10.1.12.2: 56  data bytes, press CTRL_C to break
    Request time out
    Request time out
    Request time out
    Request time out
    Request time out

  --- 10.1.12.2 ping statistics ---
    5 packet(s) transmitted
    0 packet(s) received
    100.00% packet loss

[FW1]ping 10.1.13.3    // 测试 FW1 与 AR3 之间的连通性
  PING 10.1.13.3: 56  data bytes, press CTRL_C to break
```

```
   Request time out
   Request time out
   Request time out
   Request time out
   Request time out


   --- 10.1.13.3 ping statistics ---
   5 packet(s) transmitted
   0 packet(s) received
   100.00% packet loss
[FW1]
```

可以看到，设备FW1与AR1、AR2、AR3之间的直连无法通信，为什么会直连不通呢？我们来分析一下具体原因。

华为USG防火墙把每个连接的网络理解成一个逻辑区域，称为安全区域，且必须把每个网络划入安全区域。华为USG防火墙默认存在4个安全区域，每个安全区域必须配置一个信任级别，信任级别越高，该区域连接的网络越安全可靠。

默认情况下，USG防火墙的接口GE1/0/0、GE1/0/1、GE1/0/2属于安全区域Local，而其连接的网络不属于任何安全区域。为了让FW1能清晰地分析出流量是从哪个安全区域始发，要到哪个安全区域去，需要将防火墙接口GE1/0/0、GE1/0/1、GE1/0/2分别划分进安全区域Trust、Trust、Untrust。

4. 划分安全区域

防火墙划分安全区域的CLI命令行配置命令如下。

```
[FW1]firewall zone trust   // 进入防火墙安全区域 Trust
[FW1-zone-trust]add interface GigabitEthernet 1/0/0       // 添加接口 GE1/0/0 进安全
                                                          // 区域 Trust
[FW1-zone-trust]add interface GigabitEthernet 1/0/1       // 添加接口 GE1/0/1 进安全
                                                          // 区域 Trust
[FW1-zone-trust]quit   // 退出
[FW1]firewall zone untrust   // 进入防火墙安全区域 Untrust
[FW1-zone-untrust]add interface GigabitEthernet 1/0/2     // 添加接口 GE1/0/2 进安全
                                                          // 区域 Untrust
[FW1-zone-untrust]
```

防火墙划分安全区域的Web界面配置方法为：选择【网络】→【接口】选项，选择对应接口，单击【编辑】图标，选择安全区域，最后单击【确定】按钮即可，如图5-5所示。

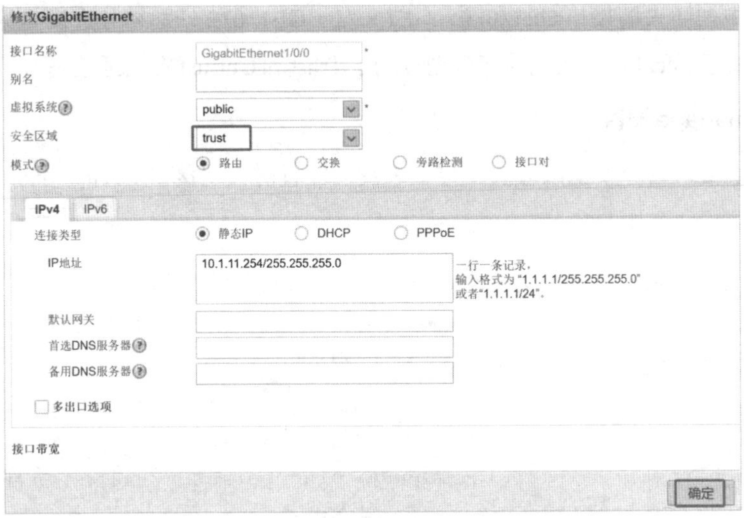

图 5-5　防火墙 Web 界面划分安全区域

这里以防火墙 FW1 的接口 GE1/0/0 为例，其他接口类似。

配置完成后，使用 display zone 命令查看接口划分安全区域的情况，结果如下。

```
[FW1]display zone                          // 查看防火墙当前存在的安全区域及包含的接口
local
 priority is 100
 interface of the zone is (0):
#
trust
 priority is 85
 interface of the zone is (3):
    GigabitEthernet0/0/0                   // 接口 GE0/0/0 属于安全区域 Trust
    GigabitEthernet1/0/0                   // 接口 GE1/0/0 属于安全区域 Trust
    GigabitEthernet1/0/1                   // 接口 GE1/0/1 属于安全区域 Trust
#
untrust
 priority is 5
 interface of the zone is (1):
    GigabitEthernet1/0/2                   // 接口 GE1/0/2 属于安全区域 Untrust
#
dmz
 priority is 50
 interface of the zone is (0):
[FW1]
```

此时 AR1、AR2、AR3 与 FW1 之间的直连依然无法通信，需要完成后续配置。至此，完成了防火墙安全区域的划分。

误区：配置中把防火墙接口 GE1/0/0、GE1/0/1、GE1/0/2 分别划分进安全区域 Trust、Trust、Untrust，是把原属于 Local 安全区域的接口划分到了 Trust 和 Untrust 安全区域吗？

5. service-manage 配置

在完成防火墙接口划分安全区域后，接下来我们配置防火墙接口 service-manage 功能，实现各设备直连互通，配置命令如下。

```
[FW1]interface GigabitEthernet 1/0/0   // 进入接口 GE1/0/0
[FW1-GigabitEthernet1/0/0]service-manage ping permit // 配置接口允许接收 ping 流量
[FW1-GigabitEthernet1/0/0]quit         // 退出

[FW1]interface GigabitEthernet 1/0/1   // 进入接口 GE1/0/1
[FW1-GigabitEthernet1/0/1]service-manage ping permit // 配置接口允许接收 ping 流量
[FW1-GigabitEthernet1/0/1]quit         // 退出

[FW1]interface GigabitEthernet 1/0/2   // 进入接口 GE1/0/2
[FW1-GigabitEthernet1/0/2]service-manage ping permit // 配置接口允许接收 ping 流量
[FW1-GigabitEthernet1/0/2]quit         // 退出
```

技术要点

防火墙接口 service-manage 命令说明如下。
- service-manage enable 命令用来开启接口的访问控制管理功能。
- 缺省情况下，接口开启了访问控制管理功能。
- 一般情况下，华为 USG6000V 系列防火墙设备的管理接口为 GE0/0/0，该管理接口下的 HTTP、HTTPS、Ping 权限都是放开的，不需要配置任何安全策略，就能通过管理接口访问到设备。
- 非管理接口下的 HTTP、HTTPS、Telnet、Ping、SSH、SNMP、NETCONF 权限都是关闭的。
- service-manage 功能的优先级高于安全策略。

配置完成后，再次测试防火墙 FW1 与 AR1、AR2、AR3 之间的连通性，测试结果如下。

```
[AR1]ping 10.1.11.254   // 在 AR1 上测试与防火墙 FW1 直连的通信
  PING 10.1.11.254: 56  data bytes, press CTRL_C to break
    Reply from 10.1.11.254: bytes=56 Sequence=1 ttl=255 time=170 ms
    Reply from 10.1.11.254: bytes=56 Sequence=2 ttl=255 time=10 ms
    Reply from 10.1.11.254: bytes=56 Sequence=3 ttl=255 time=30 ms
    Reply from 10.1.11.254: bytes=56 Sequence=4 ttl=255 time=10 ms
    Reply from 10.1.11.254: bytes=56 Sequence=5 ttl=255 time=20 ms

  --- 10.1.11.254 ping statistics ---
    5 packet(s) transmitted
    5 packet(s) received
    0.00% packet loss
```

```
    round-trip min/avg/max = 10/48/170 ms

[AR2]ping 10.1.12.254    // 在 AR2 上测试与防火墙 FW1 直连的通信
  PING 10.1.12.254: 56  data bytes, press CTRL_C to break
    Reply from 10.1.12.254: bytes=56 Sequence=1 ttl=255 time=210 ms
    Reply from 10.1.12.254: bytes=56 Sequence=2 ttl=255 time=30 ms
    Reply from 10.1.12.254: bytes=56 Sequence=3 ttl=255 time=10 ms
    Reply from 10.1.12.254: bytes=56 Sequence=4 ttl=255 time=10 ms
    Reply from 10.1.12.254: bytes=56 Sequence=5 ttl=255 time=10 ms

  --- 10.1.12.254 ping statistics ---
    5 packet(s) transmitted
    5 packet(s) received
    0.00% packet loss
    round-trip min/avg/max = 10/54/210 ms

[AR3]ping 10.1.13.254    // 在 AR3 上测试与防火墙 FW1 直连的通信
  PING 10.1.13.254: 56  data bytes, press CTRL_C to break
    Reply from 10.1.13.254: bytes=56 Sequence=1 ttl=255 time=200 ms
    Reply from 10.1.13.254: bytes=56 Sequence=2 ttl=255 time=20 ms
    Reply from 10.1.13.254: bytes=56 Sequence=3 ttl=255 time=20 ms
    Reply from 10.1.13.254: bytes=56 Sequence=4 ttl=255 time=10 ms
    Reply from 10.1.13.254: bytes=56 Sequence=5 ttl=255 time=1 ms

  --- 10.1.13.254 ping statistics ---
    5 packet(s) transmitted
    5 packet(s) received
    0.00% packet loss
round-trip min/avg/max = 1/50/200 ms
```

可以看到，此时防火墙 FW1 与 AR1、AR2、AR3 之间已经可以实现直连互通。至此，安全区域实验配置结束。

5.3 实验命令汇总

通过前面的学习，我们了解了安全区域的相关知识，接下来对实验中涉及的关键命令做一个总结，如表 5-2 所示。

表5-2　实验命令

命令	作用
firewall zone	创建安全区域，并进入安全区域视图
add interface	将接口加入安全区域
display zone	显示安全区域的配置信息
service-manage	允许或拒绝管理员通过HTTP、HTTPS、Ping、SSH等方式访问设备
interface	创建接口或进入指定的接口视图
ip address	配置接口的IP地址
ping	检查IP网络连接及主机是否可达

5.4 本章知识小结

本章通过实验场景，详细讲解了华为USG防火墙安全区域的概念、划分安全区域的方法、USG防火墙的4个默认安全区域，并通过接口service-manage命令演示了访问防火墙的流量是如何被控制的，帮助读者掌握安全区域的基本运作原理，以便在工作中灵活运用所学知识解决问题。

5.5 典型真题

（1）[单选题]下列哪个选项不是防火墙缺省的安全区域？

A. Untrust区域　　　　B. Trust区域　　　　C. DMZ区域　　　　D. ISP区域

（2）[填空题]防火墙上的同一个接口不能同时加入多个不同的_____。

（3）[填空题]在防火墙上使用ping命令测试到达服务器（服务器所在安全区域为DMZ）的可达性，如果配置安全策略放行测试流量，则源安全区域为_____。

（4）[填空题]如果允许外网用户（所在安全区域为Untrust）访问内网服务器（所在安全区域为DMZ），则配置安全策略时选择的目的安全区域为_____。

（5）[填空题]防火墙接口GE1/0/0和GE1/0/1都加入了Trust区域，但两个接口的地址属于不同网段，如果从GE1/0/0接口所在安全区域发出的流量访问的目的地址为GE1/0/1所在的安全区域，则不需要配置_____放行流量。

（6）[填空题]如果内部员工通过防火墙访问Internet，发现不能正常联网，在防火墙上可使用_____查看命令进行接口、安全区域、安全策略及路由表的故障排查。（写出任意一条查看命令，要求：命令行的单词必须完整无误才得分，不能省略或缩写）

（7）[填空题]防火墙上的接口在没有加入_____之前，不能转发流量。

第6章
安全策略

由上一章的安全区域相关内容可知，处于相同安全区域之间的流量互访，默认是不受到防火墙安全策略控制的。那么，处于不同安全区域之间的流量互访是否受到防火墙安全策略控制呢？接下来，让我们一起学习防火墙的"安全策略"。

6.1 安全策略概述

防火墙的基本功能是对进出网络的访问行为进行精准控制，保护企业网络免受"不信任"网络的威胁，但同时也必须允许两个网络之间可以进行合法的互访。防火墙一般通过安全策略实现以上功能。

1. 安全策略的定义

安全策略是防火墙的核心特性，它的作用是对通过防火墙的数据流进行检验，只有符合安全策略的合法流量才能通过防火墙进行转发。防火墙就是通过安全策略技术来实现访问控制的。

2. 安全策略的组成

安全策略是由匹配条件（五元组、用户、时间段等）和动作组成的控制规则。五元组包含源IP、目的IP、源端口、目的端口和协议。

防火墙收到流量后，对流量的属性（五元组、用户、时间段等）进行识别，并将流量的属性与安全策略的匹配条件进行匹配。

如果所有条件都匹配，则此流量成功匹配安全策略。流量匹配安全策略后，设备将会执行安全策略的动作。

3. 安全策略的匹配过程

防火墙最基本的设计原则是没有明确允许的默认都会被禁止（默认安全策略default拒绝所有），这样防火墙一旦连接网络就能保护网络的安全。

防火墙可以配置多条安全策略规则，如Policy1、Policy2等，当配置多条安全策略规则时，安全策略列表默认是按照配置顺序排列的，越先配置的安全策略规则位置越靠前，优先级越高。

每条安全策略规则中包含多个匹配条件，各个匹配条件之间是"与"的关系，报文的属性与各个条件必须全部匹配，才认为该报文匹配这条规则。

一个匹配条件中可以配置多个值，多个值之间是"或"的关系，报文的属性只要匹配任意一个值，就认为该报文匹配了这个条件。

安全策略的匹配按照安全策略列表的顺序进行，即从安全策略列表顶端开始逐条向下匹配，一旦流量匹配了某个安全策略，就不再进行下一个安全策略的匹配。

安全策略的配置顺序很重要，需要先配置条件精确的安全策略，再配置条件宽泛的安全策略。

4. 安全策略的例外情况

一般情况下，安全策略只对单播报文进行控制，对广播和组播报文不做限制，直接转发。但也存在一些例外情况。

可以配置firewall l2-multicast packet-filter enable命令实现二层组播报文受安全策略控制，配置后防火墙可以对除二层ND组播报文外的所有二层组播报文（包括经过防火墙和从防火墙发出的二层组播报文）进行安全策略控制。

防火墙的基础协议的单播报文默认受安全策略和缺省安全策略控制。如果希望设备快速接入网络，可以配置 undo firewall packet-filter basic-protocol enable 命令，使基础协议的单播报文不受安全策略和缺省安全策略控制。

6.2 实验一：安全策略配置

本实验拓扑由一台 USG6000V 系列防火墙和三台路由器组成，通过配置安全策略实现终端间相互访问的需求。为了便于读者在工作中使用 Web 界面进行配置，本实验采用 CLI 命令行和 Web 界面两种配置方式。

1. 实验目标

（1）掌握 CLI 命令行方式配置防火墙安全策略。

（2）掌握 Web 界面方式配置防火墙安全策略。

（3）掌握防火墙安全策略的基本作用和原理。

2. 实验拓扑

接下来，我们通过 eNSP 实现安全策略的实验配置，设备包含一台 6000V 型号的 USG 防火墙和三台 AR1220 型号的路由器，其中防火墙 FW1 与本地计算机进行了桥接（桥接方法请参考前文介绍），实验拓扑如图 6-1 所示。

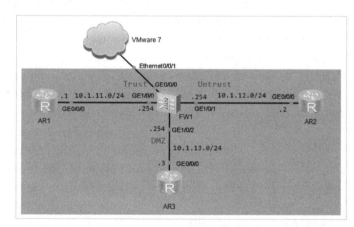

图 6-1　安全策略配置实验拓扑

3. 实验步骤

步骤❶：配置 IP 地址。

（1）配置 AR1 接口的 IP 地址，配置命令如下。

```
<Huawei>system-view
Enter system view, return user view with Ctrl+Z.
[Huawei]sysname AR1
[AR1]interface GigabitEthernet 0/0/0
[AR1-GigabitEthernet0/0/0]ip addr
[AR1-GigabitEthernet0/0/0]ip address 10.1.11.1 24
[AR1-GigabitEthernet0/0/0]quit
```

（2）配置AR2接口的IP地址，配置命令如下。

```
<Huawei>system-view
Enter system view, return user view with Ctrl+Z.
[Huawei]sysname AR2
[AR2]interface GigabitEthernet 0/0/0
[AR2-GigabitEthernet0/0/0]ip address 10.1.12.2 24
[AR2-GigabitEthernet0/0/0]quit
```

（3）配置AR3接口的IP地址，配置命令如下。

```
<Huawei>system-view
Enter system view, return user view with Ctrl+Z.
[Huawei]sysname AR3
[AR3]interface GigabitEthernet 0/0/0
[AR3-GigabitEthernet0/0/0]ip address 10.1.13.3 24
[AR3-GigabitEthernet0/0/0]quit
```

（4）配置FW1接口的IP地址，配置命令如下。

```
Username:admin
Password:
The password needs to be changed. Change now? [Y/N]: y
Please enter old password:
Please enter new password:
Please confirm new password:
 Info: Your password has been changed. Save the change to survive a reboot.
**************************************************************************
*          Copyright (C) 2014-2018 Huawei Technologies Co., Ltd.       *
*                          All rights reserved.                        *
*                Without the owner's prior written consent,            *
*          no decompiling or reverse-engineering shall be allowed.     *
**************************************************************************
<USG6000V1>
[USG6000V1]sysname FW1
[FW1]interface GigabitEthernet 0/0/0
[FW1-GigabitEthernet0/0/0]service-manage ping permit      // 开启接口允许ping测试
[FW1-GigabitEthernet0/0/0]service-manage https permit     // 开启接口允许HTTPS登录
[FW1-GigabitEthernet1/0/0]quit
[FW1]interface GigabitEthernet 1/0/0
[FW1-GigabitEthernet1/0/0]ip address 10.1.11.254 24
[FW1-GigabitEthernet1/0/0]service-manage ping permit      // 开启接口允许ping测试
[FW1-GigabitEthernet1/0/0]quit
[FW1]interface GigabitEthernet 1/0/1
```

```
[FW1-GigabitEthernet1/0/1]ip address 10.1.12.254 24
[FW1-GigabitEthernet1/0/1]service-manage ping permit    // 开启接口允许 ping 测试
[FW1-GigabitEthernet1/0/1]quit
[FW1]interface GigabitEthernet 1/0/2
[FW1-GigabitEthernet1/0/2]ip address 10.1.13.254 24
[FW1-GigabitEthernet1/0/2]service-manage ping permit    // 开启接口允许 ping 测试
[FW1-GigabitEthernet1/0/2]quit
```

完成 IP 地址配置后，可以使用 display ip interface brief 命令对配置进行检查，如图 6-2 所示，其他设备请读者自行完成检查。

```
[FW1]display ip interface brief
2023-08-16 12:23:37.890
*down: administratively down
^down: standby
(l): loopback
(s): spoofing
(d): Dampening Suppressed
(E): E-Trunk down
The number of interface that is UP in Physical is 6
The number of interface that is DOWN in Physical is 4
The number of interface that is UP in Protocol is 6
The number of interface that is DOWN in Protocol is 4

Interface                   IP Address/Mask        Physical    Protocol
GigabitEthernet0/0/0        192.168.0.1/24         up          up
GigabitEthernet1/0/0        10.1.11.254/24         up          up
GigabitEthernet1/0/1        10.1.12.254/24         up          up
GigabitEthernet1/0/2        10.1.13.254/24         up          up
GigabitEthernet1/0/3        unassigned             down        down
GigabitEthernet1/0/4        unassigned             down        down
GigabitEthernet1/0/5        unassigned             down        down
GigabitEthernet1/0/6        unassigned             down        down
NULL0                       unassigned             up          up(s)
Virtual-if0                 unassigned             up          up(s)
[FW1]
```

图 6-2　检查接口的 IP 地址

步骤❷：防火墙安全区域划分，配置命令如下。

```
[FW1]firewall zone trust
[FW1-zone-trust]add interface GigabitEthernet 1/0/0    // 把接口 GE1/0/0 所连区域划
                                                        // 分进 Trust 区域
[FW1-zone-trust]quit
[FW1]firewall zone untrust
[FW1-zone-untrust]add interface GigabitEthernet 1/0/1  // 把接口 GE1/0/1 所连区域划
                                                        // 分进 Untrust 区域
[FW1-zone-untrust]quit
[FW1]firewall zone dmz
[FW1-zone-dmz]add interface GigabitEthernet 1/0/2      // 把接口 GE1/0/2 所连区域划
                                                        // 分进 DMZ 区域
[FW1-zone-dmz]quit
```

配置完成后，可以使用 display zone 命令进行检查，如图 6-3 所示。

```
[FW1]display zone
2023-08-16 12:27:08.010
local
 priority is 100
 interface of the zone is (0):
#
trust
 priority is 85
 interface of the zone is (2):
    GigabitEthernet0/0/0
    GigabitEthernet1/0/0
#
untrust
 priority is 5
 interface of the zone is (1):
    GigabitEthernet1/0/1
#
dmz
 priority is 50
 interface of the zone is (1):
    GigabitEthernet1/0/2
#
[FW1]
```

图6-3　检查安全区域配置

步骤❸：测试设备直连的连通性，测试命令和结果如下。

（1）三台路由器的测试结果如下。

```
[AR1]ping 10.1.11.254
  PING 10.1.11.254: 56  data bytes, press CTRL_C to break
    Reply from 10.1.11.254: bytes=56 Sequence=1 ttl=255 time=60 ms
    Reply from 10.1.11.254: bytes=56 Sequence=2 ttl=255 time=20 ms
    Reply from 10.1.11.254: bytes=56 Sequence=3 ttl=255 time=10 ms
    Reply from 10.1.11.254: bytes=56 Sequence=4 ttl=255 time=10 ms
    Reply from 10.1.11.254: bytes=56 Sequence=5 ttl=255 time=10 ms
  --- 10.1.11.254 ping statistics ---
    5 packet(s) transmitted
    5 packet(s) received
    0.00% packet loss
    round-trip min/avg/max = 10/22/60 ms
[AR1]

[AR2]ping 10.1.12.254
  PING 10.1.12.254: 56  data bytes, press CTRL_C to break
    Reply from 10.1.12.254: bytes=56 Sequence=1 ttl=255 time=50 ms
    Reply from 10.1.12.254: bytes=56 Sequence=2 ttl=255 time=10 ms
    Reply from 10.1.12.254: bytes=56 Sequence=3 ttl=255 time=10 ms
    Reply from 10.1.12.254: bytes=56 Sequence=4 ttl=255 time=10 ms
    Reply from 10.1.12.254: bytes=56 Sequence=5 ttl=255 time=20 ms
  --- 10.1.12.254 ping statistics ---
    5 packet(s) transmitted
    5 packet(s) received
    0.00% packet loss
    round-trip min/avg/max = 10/20/50 ms
[AR2]
```

```
[AR3]ping 10.1.13.254
  PING 10.1.13.254: 56  data bytes, press CTRL_C to break
    Reply from 10.1.13.254: bytes=56 Sequence=1 ttl=255 time=110 ms
    Reply from 10.1.13.254: bytes=56 Sequence=2 ttl=255 time=10 ms
    Reply from 10.1.13.254: bytes=56 Sequence=3 ttl=255 time=10 ms
    Reply from 10.1.13.254: bytes=56 Sequence=4 ttl=255 time=20 ms
    Reply from 10.1.13.254: bytes=56 Sequence=5 ttl=255 time=20 ms
  --- 10.1.13.254 ping statistics ---
    5 packet(s) transmitted
    5 packet(s) received
    0.00% packet loss
    round-trip min/avg/max = 10/34/110 ms
[AR3]
```

上面的结果表明，AR1、AR2、AR3与防火墙FW1的直连连通正常。

（2）本地计算机网卡VMware 7与eNSP中防火墙的连通性测试。

```
C:\Users\zhengjincheng>ping 192.168.0.1
正在 Ping 192.168.0.1 具有 32 字节的数据：
来自 192.168.0.1 的回复：字节=32 时间<1ms TTL=255
来自 192.168.0.1 的回复：字节=32 时间<1ms TTL=255
来自 192.168.0.1 的回复：字节=32 时间<1ms TTL=255
来自 192.168.0.1 的回复：字节=32 时间<1ms TTL=255
192.168.0.1 的 Ping 统计信息：
    数据包：已发送 = 4，已接收 = 4，丢失 = 0（0% 丢失），
往返行程的估计时间（以毫秒为单位）：
    最短 = 0ms，最长 = 0ms，平均 = 0ms
C:\Users\zhengjincheng>
```

上面的结果表明，防火墙FW1与本地计算机网卡桥接正常，直连连通正常。

步骤❹：配置默认路由，实现全网路由可达。

（1）配置AR1、AR2、AR3的默认路由，配置命令如下。

```
[AR1]ip route-static 0.0.0.0 0 10.1.11.254

[AR2]ip route-static 0.0.0.0 0 10.1.12.254

[AR3]ip route-static 0.0.0.0 0 10.1.13.254
```

（2）检查路由情况，并测试。

```
[AR1]display ip routing-table
Route Flags: R - relay, D - download to fib
```

```
-------------------------------------------------------------------------------
Routing Tables: Public
        Destinations : 8        Routes : 8
Destination/Mask    Proto   Pre   Cost   Flags  NextHop        Interface
0.0.0.0/0           Static  60    0      RD     10.1.11.254    GigabitEthernet0/0/0
10.1.11.0/24        Direct  0     0      D      10.1.11.1      GigabitEthernet0/0/0
10.1.11.1/32        Direct  0     0      D      127.0.0.1      GigabitEthernet0/0/0
10.1.11.255/32      Direct  0     0      D      127.0.0.1      GigabitEthernet0/0/0
127.0.0.0/8         Direct  0     0      D      127.0.0.1      InLoopBack0
127.0.0.1/32        Direct  0     0      D      127.0.0.1      InLoopBack0
127.255.255.255/32  Direct  0     0      D      127.0.0.1      InLoopBack0
255.255.255.255/32  Direct  0     0      D      127.0.0.1      InLoopBack0
[AR1]


[AR2]display ip routing-table
Route Flags: R - relay, D - download to fib
-------------------------------------------------------------------------------
Routing Tables: Public
        Destinations : 8        Routes : 8
Destination/Mask    Proto   Pre   Cost   Flags  NextHop        Interface
0.0.0.0/0           Static  60    0      RD     10.1.12.254    GigabitEthernet0/0/0
10.1.12.0/24        Direct  0     0      D      10.1.12.2      GigabitEthernet0/0/0
10.1.12.2/32        Direct  0     0      D      127.0.0.1      GigabitEthernet0/0/0
10.1.12.255/32      Direct  0     0      D      127.0.0.1      GigabitEthernet0/0/0
127.0.0.0/8         Direct  0     0      D      127.0.0.1      InLoopBack0
127.0.0.1/32        Direct  0     0      D      127.0.0.1      InLoopBack0
127.255.255.255/32  Direct  0     0      D      127.0.0.1      InLoopBack0
255.255.255.255/32  Direct  0     0      D      127.0.0.1      InLoopBack0
[AR2]

[AR3]display ip routing-table
Route Flags: R - relay, D - download to fib
-------------------------------------------------------------------------------
Routing Tables: Public
        Destinations : 8        Routes : 8
Destination/Mask    Proto   Pre   Cost   Flags  NextHop        Interface
0.0.0.0/0           Static  60    0      RD     10.1.13.254    GigabitEthernet0/0/0
10.1.13.0/24        Direct  0     0      D      10.1.13.3      GigabitEthernet0/0/0
10.1.13.3/32        Direct  0     0      D      127.0.0.1      GigabitEthernet0/0/0
10.1.13.255/32      Direct  0     0      D      127.0.0.1      GigabitEthernet0/0/0
127.0.0.0/8         Direct  0     0      D      127.0.0.1      InLoopBack0
127.0.0.1/32        Direct  0     0      D      127.0.0.1      InLoopBack0
```

```
127.255.255.255/32  Direct  0   0   D    127.0.0.1      InLoopBack0
255.255.255.255/32  Direct  0   0   D    127.0.0.1      InLoopBack0
[AR3]
```

上面的结果表明，AR1、AR2、AR3都具有访问其他网段的默认路由。此时在设备AR1上执行 ping 10.1.12.2和ping 10.1.13.3命令与AR2和AR3进行互访，结果如下。

```
[AR1]ping 10.1.12.2
  PING 10.1.12.2: 56  data bytes, press CTRL_C to break
    Request time out
    Request time out
    Request time out
    Request time out
    Request time out
  --- 10.1.12.2 ping statistics ---
    5 packet(s) transmitted
    0 packet(s) received
    100.00% packet loss
[AR1]

[AR1]ping 10.1.13.3
  PING 10.1.13.3: 56  data bytes, press CTRL_C to break
    Request time out
    Request time out
    Request time out
    Request time out
    Request time out
  --- 10.1.13.3 ping statistics ---
    5 packet(s) transmitted
    0 packet(s) received
    100.00% packet loss
[AR1]
```

测试结果表明，AR1无法与AR2、AR3通信。

原因分析：由上述实验步骤可以得知，AR1、AR2、AR3都配置了默认路由（缺省路由），可以通过该缺省路由实现不同网段之间的互访，但现在AR1上无法ping通AR2和AR3。

通过在防火墙FW1上使用display security-policy rule all命令查看默认安全策略的匹配计数情况，结果如下。

```
[FW1]display security-policy rule all
2023-08-16 14:10:36.740
Total:1
```

```
RULE ID   RULE NAME   STATE      ACTION      HITS
-------------------------------------------------------------------------
0         default     enable     deny        117
-------------------------------------------------------------------------
[FW1]
```

Web界面查看方法：选择【策略】→【安全策略】选项，新增安全策略也是在该界面中，读者可以自行尝试Web界面方式配置，如图6-4所示。

图6-4　Web界面查看安全策略

由上面的结果可知，防火墙FW1存在一个名为"default"的安全策略，且该策略处于使能状态，并且动作是拒绝，当前匹配计数（HITS）为117。

为了验证该策略是否限制了AR1访问AR2、AR3的流量，我们在AR1上再次测试访问AR2、AR3的IP地址10.1.12.2和10.1.13.3，并在FW1上再次执行display security-policy rule all命令查看匹配计数是否增加，结果如下。

```
[AR1]ping 10.1.12.2
  PING 10.1.12.2: 56  data bytes, press CTRL_C to break
    Request time out
    Request time out
    Request time out
    Request time out
    Request time out
  --- 10.1.12.2 ping statistics ---
    5 packet(s) transmitted
    0 packet(s) received
    100.00% packet loss
[AR1]ping 10.1.13.3
  PING 10.1.13.3: 56  data bytes, press CTRL_C to break
    Request time out
    Request time out
    Request time out
    Request time out
    Request time out
```

```
--- 10.1.13.3 ping statistics ---
    5 packet(s) transmitted
    0 packet(s) received
    100.00% packet loss
[AR1]


[FW1]display security-policy rule all
2023-08-16 14:26:55.000
Total:1
RULE ID   RULE NAME   STATE      ACTION       HITS
-----------------------------------------------------------------------
0         default     enable     deny         132
-----------------------------------------------------------------------
[FW1]
```

结果表明，AR1 访问 AR2、AR3 的流量被 FW1 的默认安全策略 default 拒绝了。

步骤❺：配置安全策略，实现全网互访。

（1）配置安全策略，允许 AR1 主动访问 AR2，配置命令如下。

```
[FW1]security-policy                                          // 进入安全策略配置视图
[FW1-policy-security]rule name R1_To_R2                       // 配置安全策略名称
[FW1-policy-security-rule-R1_To_R2]source-zone trust         // 设置源安全区域为 Trust
[FW1-policy-security-rule-R1_To_R2]destination-zone untrust
                                                             // 设置目的安全区域为 Untrust
[FW1-policy-security-rule-R1_To_R2]source-address 10.1.11.0 24    // 设置源地址
[FW1-policy-security-rule-R1_To_R2]destination-address 10.1.12.0 24   // 设置目
                                                             // 的地址
[FW1-policy-security-rule-R1_To_R2]service icmp              // 配置服务为 ICMP
[FW1-policy-security-rule-R1_To_R2]action permit             // 设置动作为允许访问
[FW1-policy-security-rule-R1_To_R2]quit
[FW1-policy-security]quit
```

（2）配置安全策略，允许 AR1 主动访问 AR3，配置命令如下。

```
[FW1]security-policy
[FW1-policy-security]rule name permit_R1_To_R3
[FW1-policy-security-rule-permit_R1_To_R3]source-zone trust
[FW1-policy-security-rule-permit_R1_To_R3]destination-zone dmz
[FW1-policy-security-rule-permit_R1_To_R3]source-address 10.1.11.0 24
[FW1-policy-security-rule-permit_R1_To_R3]destination-address 10.1.13.0 24
[FW1-policy-security-rule-permit_R1_To_R3]service icmp
[FW1-policy-security-rule-permit_R1_To_R3]action permit
[FW1-policy-security-rule-permit_R1_To_R3]quit
```

```
[FW1-policy-security]quit
```

配置完成后，检查新增安全策略的匹配计数情况。

```
[FW1]display security-policy rule  all
2023-08-17 00:27:31.380
Total:3
RULE ID  RULE NAME         STATE      ACTION      HITS
------------------------------------------------------------------------
1        R1_To_R2          enable     permit      0
2        permit_R1_To_R3   enable     permit      0
0        default           enable     deny        5
------------------------------------------------------------------------

[FW1]
```

由上面的结果可知，目前防火墙FW1的新增安全策略"R1_To_R2"和"permit_R1_To_R3"并未匹配到任何流量，"HITS"都是0。

（3）再次测试AR1访问AR2、AR3，测试结果如下。

```
[AR1]ping 10.1.12.2
  PING 10.1.12.2: 56  data bytes, press CTRL_C to break
    Reply from 10.1.12.2: bytes=56 Sequence=1 ttl=254 time=360 ms
    Reply from 10.1.12.2: bytes=56 Sequence=2 ttl=254 time=330 ms
    Reply from 10.1.12.2: bytes=56 Sequence=3 ttl=254 time=330 ms
    Reply from 10.1.12.2: bytes=56 Sequence=4 ttl=254 time=310 ms
    Reply from 10.1.12.2: bytes=56 Sequence=5 ttl=254 time=290 ms
  --- 10.1.12.2 ping statistics ---
    5 packet(s) transmitted
    5 packet(s) received
    0.00% packet loss
    round-trip min/avg/max = 290/324/360 ms
[AR1]ping 10.1.13.3
  PING 10.1.13.3: 56  data bytes, press CTRL_C to break
    Reply from 10.1.13.3: bytes=56 Sequence=1 ttl=254 time=290 ms
    Reply from 10.1.13.3: bytes=56 Sequence=2 ttl=254 time=160 ms
    Reply from 10.1.13.3: bytes=56 Sequence=3 ttl=254 time=170 ms
    Reply from 10.1.13.3: bytes=56 Sequence=4 ttl=254 time=160 ms
    Reply from 10.1.13.3: bytes=56 Sequence=5 ttl=254 time=160 ms
  --- 10.1.13.3 ping statistics ---
    5 packet(s) transmitted
    5 packet(s) received
    0.00% packet loss
    round-trip min/avg/max = 160/188/290 ms
```

```
[AR1]
```

此时 AR1 已经可以成功访问 AR2 和 AR3，说明安全策略生效了。防火墙 FW1 的匹配记录如下。

```
[FW1]display security-policy rule all
2023-08-17 00:30:57.500
Total:3
RULE ID   RULE NAME                           STATE     ACTION     HITS
--------------------------------------------------------------------------
1         R1_To_R2                            enable    permit     1
2         permit_R1_To_R3                     enable    permit     1
0         default                             enable    deny       5
--------------------------------------------------------------------------
[FW1]display firewall session table
2023-08-17 00:30:59.650
 Current Total Sessions : 2
 icmp  VPN: public --> public  10.1.11.1:52907 --> 10.1.12.2:2048
 icmp  VPN: public --> public  10.1.11.1:53163 --> 10.1.13.3:2048
[FW1]
```

防火墙 FW1 的检查结果表明，新增安全策略"R1_To_R2"和"permit_R1_To_R3"分别匹配了一次计数，说明 AR1 访问 AR2 和 AR3 的流量被安全策略匹配了。同时通过执行 display firewall session table 命令，也可以看到防火墙 FW1 为此创建了相应的会话表项，说明实验成功。

> **技术要点**
>
> 华为 USG 防火墙存在默认安全策略"default"，默认情况下读者没有配置其他安全策略，所有区域间互访的流量都会被该安全策略匹配，且该默认安全策略位于安全策略最末尾，读者自定义的安全策略都会处于该安全策略之前。防火墙在进行区域间安全策略的匹配时，会进行自上而下的查找，为此配置安全策略时请格外注意这一点。

6.3 实验二：安全策略调整

本实验拓扑由一台 USG6000V 系列防火墙、一台交换机和四台测试终端组成，通过配置安全策略实现策略调整的需求。为了便于读者在工作中使用 Web 界面进行配置，本实验采用 CLI 命令行和 Web 界面两种配置方式。

1. 实验目标

（1）掌握 CLI 命令行方式调整防火墙安全策略。

（2）掌握 Web 界面方式调整防火墙安全策略。

（3）掌握防火墙安全策略调整的作用和方法。

2. 实验拓扑

接下来，我们通过eNSP实现安全策略的调整实验配置，设备包含USG防火墙、交换机和测试终端，其中防火墙FW1与本地计算机进行了桥接（桥接方法请参考前文介绍），交换机LSW1只是作为二层连接使用，不需要进行配置，实验拓扑如图6-5所示。

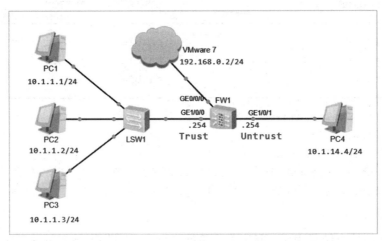

图6-5　安全策略调整实验拓扑

3. 实验步骤

步骤❶：配置IP地址，由于IP地址的配置比较简单，这里只演示CLI命令行方式配置，Web界面方式配置省略。

（1）配置终端PC1的IP地址，完成后单击【应用】按钮，如图6-6所示。

（2）配置终端PC2的IP地址，完成后单击【应用】按钮，如图6-7所示。

图6-6　配置PC1的IP地址　　　　　　图6-7　配置PC2的IP地址

（3）配置终端PC3的IP地址，完成后单击【应用】按钮，如图6-8所示。

（4）配置终端PC4的IP地址，完成后单击【应用】按钮，如图6-9所示。

图6-8　配置PC3的IP地址　　　　　　　图6-9　配置PC4的IP地址

（5）配置防火墙FW1的IP地址和接口，配置命令如下。

```
Username:admin
Password:
The password needs to be changed. Change now? [Y/N]: y
Please enter old password:
Please enter new password:
Please confirm new password:
 Info: Your password has been changed. Save the change to survive a reboot.
****************************************************************
*         Copyright (C) 2014-2018 Huawei Technologies Co., Ltd.   *
*                      All rights reserved.                       *
*          Without the owner's prior written consent,             *
*        no decompiling or reverse-engineering shall be allowed.  *
****************************************************************
<USG6000V1>system-view
Enter system view, return user view with Ctrl+Z.
[USG6000V1]sysname FW1
[FW1]interface GigabitEthernet 0/0/0
[FW1-GigabitEthernet0/0/0]service-manage ping permit      // 允许管理接口 GE0/0/0 的
                                                          // ping 流量通过
[FW1-GigabitEthernet0/0/0]service-manage https permit     // 允许通过 Web 界面方式登录
[FW1-GigabitEthernet0/0/0]quit
[FW1]interface GigabitEthernet 1/0/0
[FW1-GigabitEthernet1/0/0]ip address 10.1.1.254 24
[FW1-GigabitEthernet1/0/0]service-manage ping permit      // 允许通过 ping 访问
[FW1-GigabitEthernet1/0/0]quit
[FW1]interface GigabitEthernet 1/0/1
[FW1-GigabitEthernet1/0/1]ip address 10.1.14.254 24
[FW1-GigabitEthernet1/0/1]service-manage ping permit      // 允许通过 ping 访问
```

```
[FW1-GigabitEthernet1/0/1]quit
```

提示

USG防火墙接口GE0/0/0是管理接口，默认已经配置了IP地址192.168.0.1/24，并且属于安全区域Trust。

配置完成后，可以在防火墙FW1上使用display ip interface brief命令进行检查，如图6-10所示。

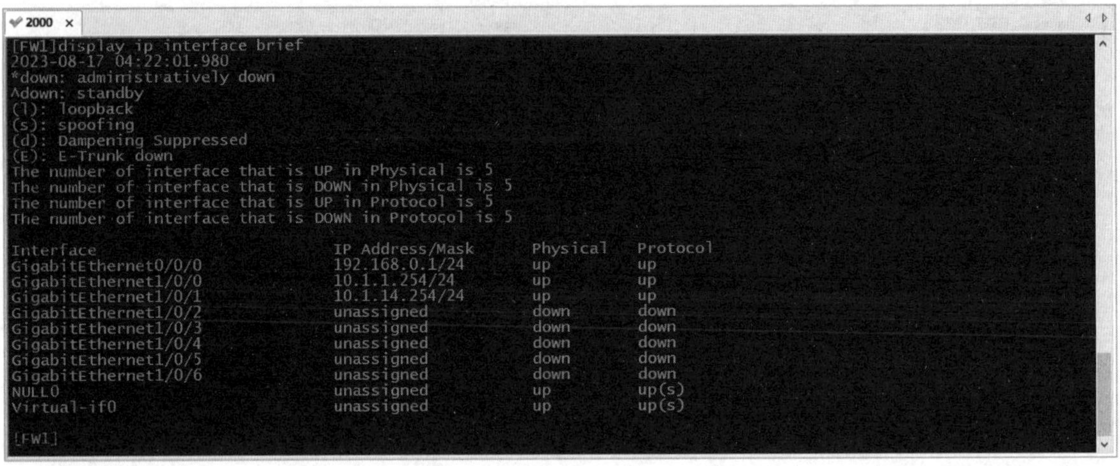

```
[FW1]display ip interface brief
2023-08-17 04:22:01.980
*down: administratively down
^down: standby
(l): loopback
(s): spoofing
(d): Dampening Suppressed
(E): E-Trunk down
The number of interface that is UP in Physical is 5
The number of interface that is DOWN in Physical is 5
The number of interface that is UP in Protocol is 5
The number of interface that is DOWN in Protocol is 5

Interface                     IP Address/Mask      Physical   Protocol
GigabitEthernet0/0/0          192.168.0.1/24       up         up
GigabitEthernet1/0/0          10.1.1.254/24        up         up
GigabitEthernet1/0/1          10.1.14.254/24       up         up
GigabitEthernet1/0/2          unassigned           down       down
GigabitEthernet1/0/3          unassigned           down       down
GigabitEthernet1/0/4          unassigned           down       down
GigabitEthernet1/0/5          unassigned           down       down
GigabitEthernet1/0/6          unassigned           down       down
NULL0                         unassigned           up         up(s)
Virtual-if0                   unassigned           up         up(s)

[FW1]
```

图6-10　防火墙检查IP地址配置

步骤❷：划分防火墙安全区域，配置命令如下。

```
[FW1]firewall zone trust
[FW1-zone-trust]add interface GigabitEthernet 1/0/0
[FW1-zone-trust]quit
[FW1]firewall zone untrust
[FW1-zone-untrust]add interface GigabitEthernet 1/0/1
[FW1-zone-untrust]quit
```

配置完成后，在PC1、PC2、PC3、PC4和本地计算机CMD上进行与防火墙FW1的直连测试，确保连接正确无误。测试结果如图6-11、图6-12、图6-13、图6-14和图6-15所示。

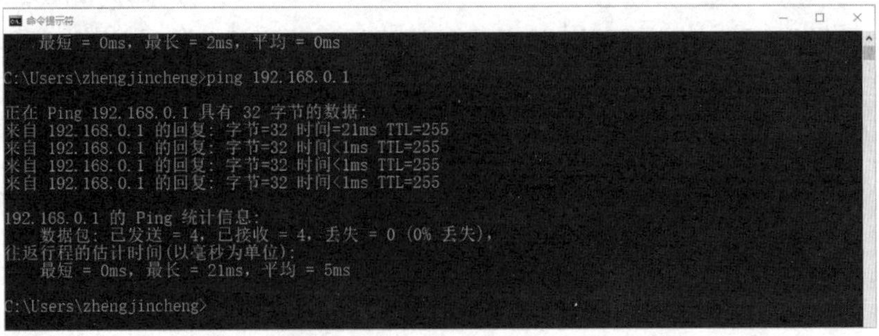

```
    最短 = 0ms, 最长 = 2ms, 平均 = 0ms

C:\Users\zhengjincheng>ping 192.168.0.1

正在 Ping 192.168.0.1 具有 32 字节的数据:
来自 192.168.0.1 的回复: 字节=32 时间=21ms TTL=255
来自 192.168.0.1 的回复: 字节=32 时间<1ms TTL=255
来自 192.168.0.1 的回复: 字节=32 时间<1ms TTL=255
来自 192.168.0.1 的回复: 字节=32 时间<1ms TTL=255

192.168.0.1 的 Ping 统计信息:
    数据包: 已发送 = 4, 已接收 = 4, 丢失 = 0 (0% 丢失),
往返行程的估计时间(以毫秒为单位):
    最短 = 0ms, 最长 = 21ms, 平均 = 5ms

C:\Users\zhengjincheng>
```

图6-11　测试本地计算机网卡与FW1之间的连通性

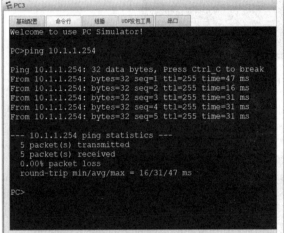

图 6-12 测试PC1与FW1之间的连通性

图 6-13 测试PC2与FW1之间的连通性

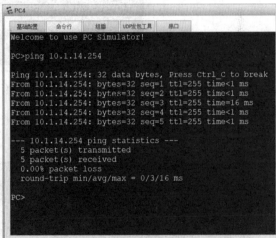

图 6-14 测试PC3与FW1之间的连通性

图 6-15 测试PC4与FW1之间的连通性

由上面的结果可知，本地计算机、PC1、PC2、PC3、PC4与FW1之间的直连连通正常。

步骤❸：配置安全策略，实现左边与右边终端互访，该部分Web界面方式的配置方法前文已介绍过，这里不再赘述，CLI命令行方式配置命令如下。

```
[FW1]security-policy
[FW1-policy-security]ru8
[FW1-policy-security]rule name permit_PC123_To_PC4            // 设置策略名称
[FW1-policy-security-rule-permit_PC123_To_PC4]source-zone trust // 设置源安全区域
[FW1-policy-security-rule-permit_PC123_To_PC4]destination-zone untrust
                                                        // 设置目的安全区域
[FW1-policy-security-rule-permit_PC123_To_PC4]source-address 10.1.1.0 24
[FW1-policy-security-rule-permit_PC123_To_PC4]destination-address 10.1.14.0 24
```

```
[FW1-policy-security-rule-permit_PC123_To_PC4]service icmp   //设置匹配ICMP流量
[FW1-policy-security-rule-permit_PC123_To_PC4]action permit //设置动作为允许访问
[FW1-policy-security-rule-permit_PC123_To_PC4]quit
[FW1-policy-security]quit
```

完成安全策略配置后，在PC1、PC2、PC3上主动访问PC4。这里以PC1为例，其他设备的测试请读者自行完成，PC1测试结果如图6-16所示。

```
PC>ping 10.1.14.4

Ping 10.1.14.4: 32 data bytes, Press Ctrl_C to break
From 10.1.14.4: bytes=32 seq=1 ttl=127 time=46 ms
From 10.1.14.4: bytes=32 seq=2 ttl=127 time=32 ms
From 10.1.14.4: bytes=32 seq=3 ttl=127 time=31 ms
From 10.1.14.4: bytes=32 seq=4 ttl=127 time=31 ms
From 10.1.14.4: bytes=32 seq=5 ttl=127 time=31 ms

--- 10.1.14.4 ping statistics ---
  5 packet(s) transmitted
  5 packet(s) received
  0.00% packet loss
  round-trip min/avg/max = 31/34/46 ms

PC>
PC>
PC>
```

图6-16　PC1测试连通性

由测试结果可知，PC1可以主动访问PC4。同时FW1上针对该访问流量也生成了对应的会话表项和匹配计数，如图6-17所示。

```
[FW1]display security-policy rule all
2023-08-17 05:00:30.540
Total:2
RULE ID  RULE NAME                          STATE      ACTION      HITS
-------------------------------------------------------------------------------
1        permit_PC123_To_PC4                enable     permit      13
0        default                            enable     deny        83
-------------------------------------------------------------------------------
[FW1]display firewall session table
2023-08-17 05:00:32.690
 Current Total Sessions : 6
 netbios-datagram  VPN: default --> default  192.168.0.2:138 --> 192.168.0.255:138
 icmp  VPN: public --> public  10.1.1.1:29097 --> 10.1.14.4:2048
 icmp  VPN: public --> public  10.1.1.1:28841 --> 10.1.14.4:2048
 icmp  VPN: public --> public  10.1.1.1:29353 --> 10.1.14.4:2048
 icmp  VPN: public --> public  10.1.1.1:28585 --> 10.1.14.4:2048
 icmp  VPN: public --> public  10.1.1.1:28073 --> 10.1.14.4:2048
[FW1]
```

图6-17　FW1会话表项及匹配计数

技术要点

防火墙安全策略对流量的控制具有方向性，上面的实验中，安全策略仅仅解决了PC1、PC2、PC3主动访问PC4的流量，但无法放行PC4主动访问PC1、PC2、PC3的流量。如果要实现双向流量任意互访，则需要针对双向流量配置安全策略进行放行，读者可以自行配置和验证。

步骤❹：安全策略调整配置。

（1）此时需要调整安全策略，实现PC1不能访问PC4，PC2和PC3不做限制，配置命令如下。

```
[FW1]security-policy
[FW1-policy-security]rule name deny_PC1_To_PC4
[FW1-policy-security-rule-deny_PC1_To_PC4]source-zone trust
[FW1-policy-security-rule-deny_PC1_To_PC4]destination-zone untrust
[FW1-policy-security-rule-deny_PC1_To_PC4]source-address 10.1.1.1 32
[FW1-policy-security-rule-deny_PC1_To_PC4]destination-address 10.1.14.4 32
[FW1-policy-security-rule-deny_PC1_To_PC4]service icmp
[FW1-policy-security-rule-deny_PC1_To_PC4]action deny
[FW1-policy-security-rule-deny_PC1_To_PC4]quit
[FW1-policy-security]quit
```

上面的配置实现了拒绝PC1主动访问PC4的流量。

（2）测试PC1访问PC4的情况，结果如图6-18所示。

通过上面的结果，可以看到此时PC1依然可以访问PC4，这是因为防火墙安全策略按照从上到下的匹配顺序，之前所写的"permit_PC123_To_PC4"先进行匹配，里面包含PC1主动访问PC4的允许动作（因为PC1的IP地址属于10.1.1.0/24这个IP地址段），所以后面写的安全策略"deny_PC1_To_PC4"更加精确和

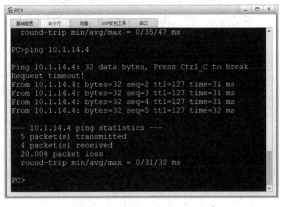

图6-18　测试PC1访问PC4的情况

具体，应该排在"permit_PC123_To_PC4"之前才能生效。针对该现象，可以在PC1上访问PC4的同时，在防火墙FW1上查看会话表详细信息，结果如下。

```
--------------------------------------------------------------------------
[FW1]display firewall session table verbose
2023-08-17 06:06:42.880
 Current Total Sessions : 5
 icmp  VPN: public --> public   ID: c387fb7788907104ad64ddb8ef
 Zone: trust --> untrust  TTL: 00:00:20  Left: 00:00:16
 Recv Interface: GigabitEthernet1/0/0
 Interface: GigabitEthernet1/0/1  NextHop: 10.1.14.4  MAC: 5489-9821-420f
 <--packets: 1 bytes: 60 --> packets: 1 bytes: 60
 10.1.1.1:61624 --> 10.1.14.4:2048 PolicyName: permit_PC123_To_PC4
--------------------------------------------------------------------------
```

由上面的结果可知，PC1访问PC4的5个测试ping报文全部被防火墙安全策略"permit_PC123_To_PC4"命中。

（3）调整安全策略。华为USG防火墙提供调整安全策略顺序的命令，CLI命令行实现命令如下。

```
[FW1-policy-security]rule move deny_PC1_To_PC4 ?
  after    Indicate move after a rule
  before   Indicate move before a rule
  bottom   Indicate move a rule to the bottom
  down     Indicate move down a rule
  top      Indicate move a rule to the top
  up       Indicate move up a rule
```

以上参数的说明如下。

①after：表示将安全策略deny_PC1_To_PC4移到其他安全策略之后。

②before：表示将安全策略deny_PC1_To_PC4移到其他安全策略之前。

③bottom：表示将一条规则移到底部（在default策略之前）。

④down：表示将一条规则下移一位。

⑤top：表示将一条规则移到顶部。

⑥up：表示将一条规则上移一位。

根据以上命令参数，现在需要将FW1的安全策略"deny_PC1_To_PC4"移到"permit_PC123_To_PC4"之前，配置命令如下。

```
[FW1-policy-security]rule move deny_PC1_To_PC4 before permit_PC123_To_PC4
```

配置完成后，再次查看防火墙FW1的安全策略。

```
[FW1-policy-security]dis this
2023-08-17 06:27:50.210
#
security-policy
 rule name deny_PC1_To_PC4
  source-zone trust
  destination-zone untrust
  source-address 10.1.1.1 mask 255.255.255.255
  destination-address 10.1.14.4 mask 255.255.255.255
  service icmp
  action deny
 rule name permit_PC123_To_PC4
  source-zone trust
  destination-zone untrust
  source-address 10.1.1.0 mask 255.255.255.0
  destination-address 10.1.14.0 mask 255.255.255.0
  service icmp
  action permit
#
return
```

```
[FW1-policy-security]
```

由上面的结果可知，防火墙安全策略调整成功。

（4）Web界面方式调整安全策略，方法和步骤如下。

登录FW1后，选择【策略】→【安全策略】选项，选中要调整的安全策略，选择要移动的动作，即可对防火墙安全策略进行调整，如图6-19所示。

图6-19　Web界面方式调整安全策略

（5）验证PC1是否还能访问PC4，并查看防火墙会话表和安全策略的匹配计数情况，如图6-20和图6-21所示。

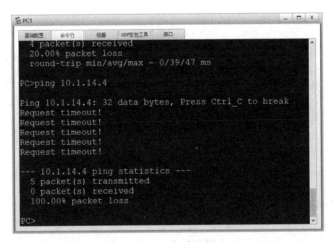

图6-20　PC1主动访问PC4

```
[FW1]display security-policy rule all
2023-08-17 06:30:39.550
Total:3
RULE ID   RULE NAME                STATE     ACTION      HITS
2         deny_PC1_To_PC4          enable    deny        5
1         permit_PC123_To_PC4      enable    permit      25
0         default                  enable    deny        122
[FW1]display firewall session table
2023-08-17 06:30:54.190
 Current Total Sessions : 0
[FW1]
```

图6-21　防火墙安全策略的匹配计数情况

由上面的结果可知，PC1主动访问PC4的5个ICMP报文全部被防火墙安全策略"deny_PC1_To_PC4"命中，且动作是deny，因此PC1无法访问PC4，防火墙不存在会话表项。至此，说明实验成功。

6.4 实验三：安全策略例外

本实验拓扑由一台USG6000V系列防火墙和一台AR1220路由器组成，通过配置防火墙FW1和路由器AR1之间的OSPF协议，观察安全策略例外的现象并进行配置和解决。

1. 实验目标

（1）掌握安全策略例外的原理。

（2）掌握CLI命令行方式调整防火墙安全策略的例外情况。

2. 实验拓扑

接下来，我们通过eNSP实现安全策略的调整实验配置，设备包含USG防火墙和AR路由器，其中防火墙FW1与本地计算机进行了桥接（桥接方法请参考前文介绍），实验拓扑如图6-22所示。

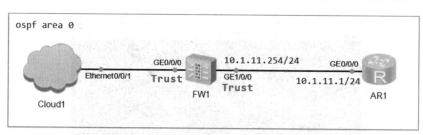

图6-22 安全策略例外实验拓扑

3. 实验步骤

步骤❶：配置IP地址，由于IP地址的配置比较简单，这里只演示CLI命令行方式配置，Web界面方式配置省略。

（1）配置终端AR1的IP地址，配置命令如下。

```
<Huawei>system-view
Enter system view, return user view with Ctrl+Z.
[Huawei]sysname AR1
[AR1]interface GigabitEthernet 0/0/0
[AR1-GigabitEthernet0/0/0]ip address 10.1.11.1 24
[AR1-GigabitEthernet0/0/0]quit
```

（2）配置防火墙FW1的IP地址和接口，配置命令如下。

```
Username:admin
Password:
The password needs to be changed. Change now? [Y/N]: y
Please enter old password:
Please enter new password:
Please confirm new password:
 Info: Your password has been changed. Save the change to survive a reboot.
***********************************************************************
*         Copyright (C) 2014-2018 Huawei Technologies Co., Ltd.     *
*                      All rights reserved.                         *
*            Without the owner's prior written consent,             *
*          no decompiling or reverse-engineering shall be allowed.  *
***********************************************************************
<USG6000V1>system-view
Enter system view, return user view with Ctrl+Z.
[USG6000V1]sysname FW1
[FW1]interface GigabitEthernet 0/0/0
[FW1-GigabitEthernet0/0/0]service-manage ping permit
[FW1-GigabitEthernet0/0/0]service-manage https permit
[FW1-GigabitEthernet0/0/0]quit
[FW1]interface GigabitEthernet 1/0/0
[FW1-GigabitEthernet1/0/0]ip address 10.1.11.254 24
[FW1-GigabitEthernet1/0/0]service-manage ping permit
[FW1-GigabitEthernet1/0/0]quit
```

步骤❷：划分防火墙安全区域，配置命令如下。

```
[FW1]firewall zone trust
[FW1-zone-trust]add interface GigabitEthernet 1/0/0
[FW1-zone-trust]quit
```

配置完成后，在AR1和本地计算机CMD上测试与防火墙FW1的直连连通性，测试结果如下。

```
------------------------------------------------------------------
[AR1]ping 10.1.11.254
  PING 10.1.11.254: 56  data bytes, press CTRL_C to break
    Reply from 10.1.11.254: bytes=56 Sequence=1 ttl=255 time=140 ms
    Reply from 10.1.11.254: bytes=56 Sequence=2 ttl=255 time=10 ms
    Reply from 10.1.11.254: bytes=56 Sequence=3 ttl=255 time=10 ms
    Reply from 10.1.11.254: bytes=56 Sequence=4 ttl=255 time=10 ms
    Reply from 10.1.11.254: bytes=56 Sequence=5 ttl=255 time=10 ms
  --- 10.1.11.254 ping statistics ---
    5 packet(s) transmitted
```

```
    5 packet(s) received
    0.00% packet loss
    round-trip min/avg/max = 10/36/140 ms
[AR1]
```

```
C:\Users\zhengjincheng>ping 192.168.0.1
正在 Ping 192.168.0.1 具有 32 字节的数据：
来自 192.168.0.1 的回复：字节 =32 时间 =1ms TTL=255
来自 192.168.0.1 的回复：字节 =32 时间 <1ms TTL=255
来自 192.168.0.1 的回复：字节 =32 时间 <1ms TTL=255
来自 192.168.0.1 的回复：字节 =32 时间 <1ms TTL=255
192.168.0.1 的 Ping 统计信息：
    数据包：已发送 = 4，已接收 = 4，丢失 = 0 (0% 丢失)，
往返行程的估计时间（以毫秒为单位）：
    最短 = 0ms，最长 = 1ms，平均 = 0ms
C:\Users\zhengjincheng>
```

由上面的结果可知，本地计算机网卡、AR1 与 FW1 的直连连通正常。

步骤❸：配置 AR1 与 FW1 之间的 OSPF 协议。

（1）配置 AR1 的 OSPF 协议，配置命令如下。

```
[AR1]ospf 1                                        // 配置 OSPF 协议，进程号为 1
[AR1-ospf-1]area 0                                 // 进入区域 0
[AR1-ospf-1-area-0.0.0.0]network 10.1.11.1 0.0.0.0 // 通告网段
[AR1-ospf-1-area-0.0.0.0]quit
[AR1-ospf-1]quit
```

（2）配置 FW1 的 OSPF 协议，配置命令如下。

```
[FW1]ospf 1
[FW1-ospf-1]area 0
[FW1-ospf-1-area-0.0.0.0]network 10.1.11.254 0.0.0.0
[FW1-ospf-1-area-0.0.0.0]quit
[FW1-ospf-1]quit
[FW1]firewall packet-filter basic-protocol enable  // 打开 OSPF 单播报文的安全策略
                                                   // 控制开关
```

（3）检查 OSPF 邻居建立情况，检查命令和结果如下。

```
[FW1]display ospf peer brief
2023-08-17 11:07:10.040
        OSPF Process 1 with Router ID 10.1.11.254
```

```
                    Peer Statistic Information
 -----------------------------------------------------------------------
 Area Id             Interface                    Neighbor id      State
 0.0.0.0             GigabitEthernet1/0/0         10.1.11.1        ExStart
 -----------------------------------------------------------------------
 Total Peer(s):      1
 [FW1]

 [AR1]display ospf peer brief
         OSPF Process 1 with Router ID 10.1.11.1
                    Peer Statistic Information
 -----------------------------------------------------------------------
 Area Id             Interface                    Neighbor id      State
 0.0.0.0             GigabitEthernet0/0/0         10.1.11.254      ExStart
 -----------------------------------------------------------------------
 [AR1]
```

由上面的结果可知，OSPF邻居关系未建立成功，一直卡在ExStart状态。原因就是我们开启了OSPF单播报文的安全策略控制开关，此时OSPF邻居之间交互的单播报文会被限制。开启该功能后，这些报文的转发受安全策略控制，可通过配置安全策略或缺省包过滤规则来控制OSPF单播报文的转发。关闭该功能后，设备将直接转发这些报文，即使已配置动作为deny的安全策略，也不生效。

步骤❹：配置安全策略放行OSPF协议报文，配置命令如下。

```
[FW1]security-policy
[FW1-policy-security]rule name permit_ospf_in_out
[FW1-policy-security-rule-permit_ospf_in_out]source-zone trust local
[FW1-policy-security-rule-permit_ospf_in_out]destination-zone trust local
[FW1-policy-security-rule-permit_ospf_in_out]service ospf
[FW1-policy-security-rule-permit_ospf_in_out]action permit
[FW1-policy-security-rule-permit_ospf_in_out]quit
[FW1-policy-security]quit
```

配置完成后，查看FW1与AR1之间的OSPF邻居建立情况，结果如下。

```
[FW1]display ospf peer brief
2023-08-17 12:49:20.330
         OSPF Process 1 with Router ID 10.1.11.254
                    Peer Statistic Information
 -----------------------------------------------------------------------
 Area Id             Interface                    Neighbor id      State
 0.0.0.0             GigabitEthernet1/0/0         10.1.11.1        Full
 -----------------------------------------------------------------------
```

```
 Total Peer(s):      1
[FW1]

[AR1]display ospf peer brief
         OSPF Process 1 with Router ID 10.1.11.1
                 Peer Statistic Information
--------------------------------------------------------------------------

 Area Id        Interface                     Neighbor id     State
 0.0.0.0        GigabitEthernet0/0/0          10.1.11.254     Full

--------------------------------------------------------------------------
[AR1]

[FW1]display security-policy rule all
2023-08-17 12:52:31.820
Total:2
RULE ID   RULE NAME           STATE        ACTION       HITS
--------------------------------------------------------------------------

1         permit_ospf_in_out  enable       permit       1
0         default             enable       deny         2479
--------------------------------------------------------------------------
[FW1]
```

由上面的结果可知，FW1与AR1之间的OSPF邻居关系建立成功，处于Full状态，并且刚刚配置的安全策略匹配计数有记录，说明实验成功。

步骤❺：修改安全策略并观察关闭firewall packet-filter basic-protocol enable命令后的状态，配置命令如下。

```
[FW1]security-policy
[FW1-policy-security]rule name permit_ospf_in_out
[FW1-policy-security-rule-permit_ospf_in_out]action deny  // 修改动作为deny，拒绝
                                                          // OSPF协议报文通过
[FW1-policy-security-rule-permit_ospf_in_out]quit
[FW1-policy-security]quit
[FW1]undo firewall packet-filter basic-protocol enable  // 例外放行OSPF协议报文
```

配置完成后，重置OSPF进程，配置命令如下。

```
[FW1]return
<FW1>reset ospf process
Warning: The OSPF process will be reset. Continue? [Y/N]:y
<FW1>

[AR1]return
```

```
<AR1>reset ospf process
Warning: The OSPF process will be reset. Continue? [Y/N]:y
<AR1>
```

再次在AR1和FW1上检查OSPF邻居建立情况和防火墙FW1安全策略的匹配计数情况，结果如下。

```
[AR1]display ospf peer brief
        OSPF Process 1 with Router ID 10.1.11.1
            Peer Statistic Information
------------------------------------------------------------------------
Area Id            Interface                  Neighbor id        State
0.0.0.0            GigabitEthernet0/0/0       10.1.11.254        Full
------------------------------------------------------------------------
[AR1]

[FW1]display ospf peer brief
2023-08-17 13:28:16.160
        OSPF Process 1 with Router ID 10.1.11.254
            Peer Statistic Information
------------------------------------------------------------------------
Area Id            Interface                  Neighbor id        State
0.0.0.0            GigabitEthernet1/0/0       10.1.11.1          Full
------------------------------------------------------------------------
Total Peer(s):     1
[FW1]

[FW1]display security-policy rule all
2023-08-17 13:42:09.420
Total:2
RULE ID  RULE NAME                    STATE      ACTION      HITS
------------------------------------------------------------------------
1        permit_ospf_in_out           enable     deny        0
0        default                      enable     deny        2494
------------------------------------------------------------------------
[FW1]
```

由上面的结果可知，虽然FW1的安全策略"permit_ospf_in_out"动作是deny，但匹配计数为0，也就是说，OSPF协议报文没有被该报文命中，FW1和AR1之间的OSPF邻居建立成功。验证了关闭firewall packet-filter basic-protocol enable命令后，设备将直接转发OSPF协议的报文，即使已配置动作为deny的安全策略，也不生效。

6.5 实验命令汇总

通过前面的学习，我们了解了安全策略的相关知识，接下来对实验中涉及的关键命令做一个总结，如表6-1所示。

表6-1　实验命令

命令	作用
display firewall session table verbose	查看防火墙会话表详细信息
rule move（安全策略视图）	用来移动安全策略规则，从而改变安全策略规则的优先级
firewall packet-filter basic-protocol enable	开启基于BGP、LDP、BFD、DHCP单播报文，DHCPv6单播报文及OSPF单播报文的安全策略控制开关

6.6 本章知识小结

本章主要介绍了安全策略的原理和作用，通过3个实验演示了华为USG防火墙安全策略的配置方法、安全策略的调整方法和配置命令，还介绍了安全策略的例外场景及配置命令。

6.7 典型真题

（1）[单选题]防火墙GE1/0/1和GE1/0/2口都属于DMZ区域，如果要实现GE1/0/1所连接的区域能够访问GE1/0/2所连接的区域，以下哪项是正确的？

A. 需要配置Local到DMZ的安全策略　　　　B. 无须做任何配置

C. 需要配置域间安全策略　　　　　　　　D. 需要配置DMZ到Local的安全策略

（2）[单选题]关于防火墙安全策略的说法，以下选项错误的是？

A. 如果该安全策略是permit，则被丢弃的报文不会累加"命中次数"

B. 配置安全策略名称时，不可以重复使用同一个名称

C. 调整安全策略的顺序，不需要保存配置文件，立即生效

D. 华为USG系列防火墙的安全策略条目数都不能超过128条

（3）[单选题]关于防火墙安全策略，以下哪项是正确的？

A. 缺省情况下，安全策略能够对单播报文和广播报文进行控制

B. 缺省情况下，安全策略能够对组播进行控制

C. 缺省情况下，安全策略仅对单播报文进行控制

D. 缺省情况下，安全策略能够对单播报文、广播报文和组播报文进行控制

（4）［单选题］关于查看安全策略匹配次数的命令，以下哪项是正确的?

A. display firewall sesstion table

B. display security-policy rule all

C. display security-policy count

D. count security-policy hit

第7章
策略路由

与单纯按照IP报文的目的地址查找路由表进行转发不同，策略路由（Policy-Based Routing，PBR）是一种依据用户制定的策略进行转发的机制。当流量命中策略路由时，如果到达目的网络有多条链路可选，防火墙可以配置基于策略路由的智能选路来动态选择最优链路，保证链路资源得到充分利用，提升用户体验。

7.1 策略路由概述

策略路由因其在选路方面具有很强的灵活性，被广泛运用在网络部署中，是常用的技术手段。

1. 策略路由的定义

防火墙转发数据报文时，会查找路由表，并根据目的地址来进行报文的转发。在这种机制下，只能根据报文的目的地址为用户提供转发服务，无法提供有差别的服务。

策略路由是在路由表已经产生的情况下，不按照现有的路由表进行转发，而是根据用户制定的策略进行路由选择的机制，从更多的维度（入接口、源安全区域、源地址/目的地址、用户、服务、应用）来决定报文如何转发，增加了在报文转发控制上的灵活度。策略路由并没有替代路由表机制，而是优先于路由表生效，为某些特殊业务指定转发方向。策略路由通常应用于多出口组网中。

2. 策略路由的分类

根据作用对象的不同，策略路由可分为本地策略路由和接口策略路由。本地策略路由只能针对本地发起的流量执行策略路由，无法针对经过本地的流量执行策略路由。而接口策略路由可以针对经过本地的流量执行策略路由。

3. 策略路由的匹配条件

匹配条件可以将要做策略路由的流量区分开来。其中，入接口和源安全区域是互斥的必选项，二者必须配置其中一项。源地址/目的地址、用户、服务、应用、时间段、DSCP优先级均为可选，如果不选，默认为any，表示该策略路由与任意报文匹配。具体如表7-1所示。

表7-1　策略路由的匹配条件

匹配条件	作用
入接口/源安全区域	指定接收流量的接口或流量发出的安全区域
源地址/目的地址	指定流量发出/去往的地址，取值可以是地址、地址组或域名组
用户	指定流量的所有者，代表是"谁"发出的流量。取值可以是用户、用户组或安全组 源地址和用户都表示流量的发出者，二者配置一种即可。一般情况下，源地址适用于IP地址固定或企业规模较小的场景；用户适用于IP地址不固定且企业规模较大的场景
服务	指定流量的协议类型或端口号。如果希望识别指定协议类型或端口号的流量，可以在创建策略路由规则时将服务作为匹配条件
应用	指定流量的应用类型。通过应用防火墙能够区分使用相同协议和端口号的不同应用程序，使网络管理更加精细 如果希望实现不同应用协议的数据通过不同的链路转发，可以在创建策略路由规则时将应用作为匹配条件
时间段	指定策略路由生效的时间段。如果希望策略路由规则仅在特定时间段内生效，可以在创建策略路由规则时将时间段作为匹配条件

续表

匹配条件	作用
DSCP优先级	指定流量的DSCP优先级。如果想要匹配不同优先级的流量，可以在创建策略路由规则时将DSCP优先级作为匹配条件

4. 策略路由的动作

如果策略路由配置的所有匹配条件都匹配，则此流量成功匹配该策略路由规则，并执行策略路由的动作。策略路由的动作如下。

（1）转发：按照策略路由转发。根据出接口的不同类型，可分为单出口和多出口。

①单出口：把报文发送到指定的下一跳设备或从指定出接口发送报文。

②多出口：利用智能选路功能，从多个出接口中选择一个出接口发送报文。

（2）转发至其他虚拟系统：按照策略路由将流量转发至其他虚拟系统。

（3）不做策略路由，按照现有的路由表进行转发。

5. 策略路由的匹配规则

（1）每条策略路由规则中包含多个匹配条件，各个匹配条件之间是"与"的关系，报文的属性与各个条件必须全部匹配，才认为该报文匹配这条规则。一个匹配条件中可以配置多个值，多个值之间是"或"的关系，报文的属性只要匹配任意一个值，就认为该报文匹配了这个条件。

（2）当配置多条策略路由规则时，策略路由列表默认是按照配置顺序排列的，越先配置的策略路由规则位置越靠前，优先级越高。策略路由的匹配按照策略路由列表的顺序进行，即从策略路由列表顶端开始逐条向下匹配，一旦流量匹配了某个策略路由，就不再进行下一个策略路由的匹配。所以，策略路由的配置顺序很重要，需要先配置条件精确的策略路由，再配置条件宽泛的策略路由。如果某条具体的策略路由放在通用的策略路由之后，可能永远不会被命中。

（3）系统默认存在一条缺省策略路由default。缺省策略路由位于策略路由列表的最底部，优先级最低，所有匹配条件均为any，动作为不做策略路由，即按照现有的路由表进行转发。如果所有配置的策略路由都未匹配，则将匹配缺省策略路由default。

7.2 策略路由配置实验

本实验拓扑由一台USG6000V系列防火墙、四台路由器和若干终端组成，通过策略路由影响终端访问Server1的路径。为了便于读者在工作中使用Web界面进行配置，本实验采用CLI命令行和Web界面两种配置方式。

本实验模拟真实网络案例场景，通过在防火墙上配置策略路由，并借助IP-Link检测链路，实现双链路互为冗余，构造一个高可用网络。

1. 实验目标

（1）掌握CLI命令行方式配置防火墙策略路由。

（2）掌握Web界面方式配置防火墙策略路由。

（3）了解防火墙NAT配置方法。

（4）了解IP-Link的作用及配置命令。

2. 实验拓扑

接下来，我们通过eNSP实现防火墙策略路由的实验配置，其中防火墙FW1与本地计算机进行了桥接（桥接方法请参考前文介绍），通过配置实现以下需求。

（1）Client1访问Web Server优先选择isp_1链路，如果isp_1故障，切换至isp_2转发。

（2）Client2访问Web Server优先选择isp_2链路，如果isp_2故障，切换至isp_1转发。

实验拓扑如图7-1所示。

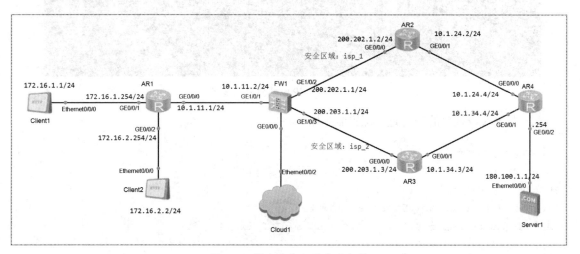

图 7-1　策略路由配置实验拓扑

3. 实验步骤

步骤❶：配置IP地址及初始化设置。

（1）配置AR1接口的IP地址，配置命令如下。

```
<Huawei>system-view
Enter system view, return user view with Ctrl+Z.
[Huawei]sysname AR1
[AR1]interface GigabitEthernet 0/0/1
[AR1-GigabitEthernet0/0/1]ip address 172.16.1.254 24
[AR1-GigabitEthernet0/0/1]quit
[AR1]interface GigabitEthernet 0/0/0
[AR1-GigabitEthernet0/0/0]ip address 10.1.11.1 24
[AR1-GigabitEthernet0/0/0]quit
```

```
[AR1]interface GigabitEthernet 0/0/2
[AR1-GigabitEthernet0/0/2]ip address 172.16.2.254 24
[AR1-GigabitEthernet0/0/2]quit
[AR1]interface GigabitEthernet 1/0/0
[AR1-GigabitEthernet1/0/0]ip address 172.16.3.254 24
[AR1-GigabitEthernet1/0/0]quit
```

配置完成后，可以使用display ip interface brief命令进行检查，其他设备类似，如图7-2所示。

```
[AR1]display ip interface brief
*down: administratively down
^down: standby
(l): loopback
(s): spoofing
The number of interface that is UP in Physical is 4
The number of interface that is DOWN in Physical is 4
The number of interface that is UP in Protocol is 4
The number of interface that is DOWN in Protocol is 4

Interface                    IP Address/Mask      Physical    Protocol
GigabitEthernet0/0/0         10.1.11.1/24         up          up
GigabitEthernet0/0/1         172.16.1.254/24      up          up
GigabitEthernet0/0/2         172.16.2.254/24      up          up
GigabitEthernet1/0/0         172.16.3.254/24      down        down
GigabitEthernet2/0/0         unassigned           down        down
GigabitEthernet3/0/0         unassigned           down        down
GigabitEthernet4/0/0         unassigned           down        down
NULL0                        unassigned           up          up(s)
[AR1]
```

图7-2　检查IP地址的配置情况

（2）配置AR2接口的IP地址，配置命令如下。

```
<Huawei>system-view
Enter system view, return user view with Ctrl+Z.
[Huawei]sysname AR2
[AR2]interface GigabitEthernet 0/0/1
[AR2-GigabitEthernet0/0/1]ip address 10.1.24.2 24
[AR2-GigabitEthernet0/0/1]quit
[AR2]interface GigabitEthernet 0/0/0
[AR2-GigabitEthernet0/0/0]ip address 200.202.1.2 24
[AR2-GigabitEthernet0/0/0]quit
```

（3）配置AR3接口的IP地址，配置命令如下。

```
<Huawei>system-view
Enter system view, return user view with Ctrl+Z.
[Huawei]sysname AR3
[AR3]interface GigabitEthernet 0/0/1
[AR3-GigabitEthernet0/0/1]ip address 10.1.34.3 24
[AR3-GigabitEthernet0/0/1]quit
[AR3]interface GigabitEthernet 0/0/0
[AR3-GigabitEthernet0/0/0]ip address 200.203.1.3 24
[AR3-GigabitEthernet0/0/0]quit
```

（4）配置AR4接口的IP地址，配置命令如下。

```
<Huawei>system-view
Enter system view, return user view with Ctrl+Z.
[Huawei]sysname AR4
[AR4]interface GigabitEthernet 0/0/1
[AR4-GigabitEthernet0/0/1]ip address 10.1.34.4 24
[AR4-GigabitEthernet0/0/1]quit
[AR4]interface GigabitEthernet 0/0/0
[AR4-GigabitEthernet0/0/0]ip address 10.1.24.4 24
[AR4-GigabitEthernet0/0/0]quit
[AR4]interface GigabitEthernet 0/0/2
[AR4-GigabitEthernet0/0/2]ip address 180.100.1.254 24
[AR4-GigabitEthernet0/0/2]quit
```

（5）配置FW1接口的IP地址及安全区域，配置命令如下。

```
Username:admin
Password:
The password needs to be changed. Change now? [Y/N]: y
Please enter old password:
Please enter new password:
Please confirm new password:
 Info: Your password has been changed. Save the change to survive a reboot.
***************************************************************
*        Copyright (C) 2014-2018 Huawei Technologies Co., Ltd.        *
*                        All rights reserved.                         *
*              Without the owner's prior written consent,             *
*          no decompiling or reverse-engineering shall be allowed.    *
***************************************************************
<USG6000V1>system-view
Enter system view, return user view with Ctrl+Z.
[USG6000V1]sysname FW1
[FW1]interface GigabitEthernet 1/0/1
[FW1-GigabitEthernet1/0/1]ip address 10.1.11.2 24
[FW1-GigabitEthernet1/0/0]service-manage ping permit   // 允许ping测试
[FW1-GigabitEthernet1/0/1]quit
[FW1]interface GigabitEthernet 1/0/2
[FW1-GigabitEthernet1/0/2]ip address 200.202.1.1 24
[FW1-GigabitEthernet1/0/2]service-manage ping permit   // 允许ping测试
[FW1-GigabitEthernet1/0/2]quit
[FW1]interface GigabitEthernet 1/0/3
[FW1-GigabitEthernet1/0/3]service-manage ping permit   // 允许ping测试
```

```
[FW1-GigabitEthernet1/0/3]ip address 200.203.1.1 24
[FW1-GigabitEthernet1/0/3]quit
[FW1]interface GigabitEthernet 0/0/0
[FW1-GigabitEthernet0/0/0]service-manage ping permit    // 允许管理接口 ping 测试
[FW1-GigabitEthernet0/0/0]service-manage https permit   // 允许管理接口 Web 界面登录
[FW1]firewall zone name isp_1        // 创建自定义安全区域 isp_1
[FW1-zone-isp_1]set priority 11    // 设置安全区域优先级为 11
[FW1-zone-isp_1]add interface GigabitEthernet 1/0/2
[FW1-zone-isp_1]quit
[FW1]firewall zone name isp_2        // 创建自定义安全区域 isp_2
[FW1-zone-isp_2]set priority 22    // 设置安全区域优先级为 22
[FW1-zone-isp_2]add interface GigabitEthernet 1/0/3
[FW1-zone-isp_2]quit
[FW1]firewall zone trust
[FW1-zone-trust]add interface GigabitEthernet 1/0/1      // 把连接内网接口划分进 Trust
                                                         // 安全区域
[FW1-zone-trust]quit
[FW1]security-policy
[FW1-policy-security]default action permit   // 设置防火墙安全策略放行所有
Warning:Setting the default packet filtering to permit poses security risks.
You are advised to configure the security policy based on the actual data
flows. Are you sure you want to continue?[Y/N]y
[FW1-policy-security]quit
```

（6）配置 Client1 和 Client2 的 IP 地址，如图 7-3 和图 7-4 所示。

图 7-3　配置 Client1 的 IP 地址　　　　　　图 7-4　配置 Client2 的 IP 地址

（7）配置 Server1 的 IP 地址并开启 HTTP 服务，如图 7-5 和图 7-6 所示。

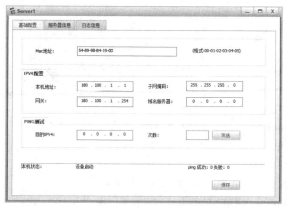

图7-5　配置Server1的IP地址

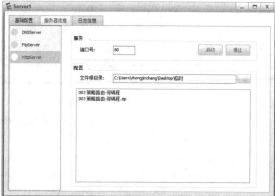

图7-6　开启Server1的HTTP服务

说明

　　开启Server1的HTTP服务的步骤为：双击打开【Server1】窗口，选择【服务器信息】选项卡，选择左侧的【HttpServer】选项，在配置【文件根目录】处选择本地计算机的任意一个文件夹，最后在【服务】处单击【启动】按钮即可。

　　（8）测试直连连通性，检查配置是否正常，检查命令和结果如下。

```
------------------------------------------------------------------
[AR1]ping -c 1 172.16.2.2
  PING 172.16.2.2: 56  data bytes, press CTRL_C to break
    Reply from 172.16.2.2: bytes=56 Sequence=1 ttl=255 time=160 ms
  --- 172.16.2.2 ping statistics ---
    1 packet(s) transmitted
    1 packet(s) received
    0.00% packet loss
    round-trip min/avg/max = 160/160/160 ms
[AR1]ping -c 1 172.16.1.1
  PING 172.16.1.1: 56  data bytes, press CTRL_C to break
    Reply from 172.16.1.1: bytes=56 Sequence=1 ttl=255 time=120 ms
  --- 172.16.1.1 ping statistics ---
    1 packet(s) transmitted
    1 packet(s) received
    0.00% packet loss
    round-trip min/avg/max = 120/120/120 ms
[AR1]ping -c 1 10.1.11.2
  PING 10.1.11.2: 56  data bytes, press CTRL_C to break
    Reply from 10.1.11.2: bytes=56 Sequence=1 ttl=255 time=30 ms
  --- 10.1.11.2 ping statistics ---
    1 packet(s) transmitted
    1 packet(s) received
```

```
    0.00% packet loss
    round-trip min/avg/max = 30/30/30 ms
[AR1]
--------------------------------------------------------------------------------
[AR1]ping 172.16.1.1
  PING 172.16.1.1: 56  data bytes, press CTRL_C to break
    Reply from 172.16.1.1: bytes=56 Sequence=1 ttl=255 time=300 ms
    Reply from 172.16.1.1: bytes=56 Sequence=2 ttl=255 time=140 ms
    Reply from 172.16.1.1: bytes=56 Sequence=3 ttl=255 time=130 ms
    Reply from 172.16.1.1: bytes=56 Sequence=4 ttl=255 time=130 ms
    Reply from 172.16.1.1: bytes=56 Sequence=5 ttl=255 time=120 ms
  --- 172.16.1.1 ping statistics ---
    5 packet(s) transmitted
    5 packet(s) received
    0.00% packet loss
    round-trip min/avg/max = 120/164/300 ms
[AR1]
--------------------------------------------------------------------------------
[AR2]ping -c 1 200.202.1.1
  PING 200.202.1.1: 56  data bytes, press CTRL_C to break
    Reply from 200.202.1.1: bytes=56 Sequence=1 ttl=255 time=140 ms
  --- 200.202.1.1 ping statistics ---
    1 packet(s) transmitted
    1 packet(s) received
    0.00% packet loss
    round-trip min/avg/max = 140/140/140 ms
[AR2]ping -c 1 10.1.24.4
  PING 10.1.24.4: 56  data bytes, press CTRL_C to break
    Reply from 10.1.24.4: bytes=56 Sequence=1 ttl=255 time=320 ms
  --- 10.1.24.4 ping statistics ---
    1 packet(s) transmitted
    1 packet(s) received
    0.00% packet loss
    round-trip min/avg/max = 320/320/320 ms
[AR2]
--------------------------------------------------------------------------------
[AR3]ping -c 1 200.203.1.1
  PING 200.203.1.1: 56  data bytes, press CTRL_C to break
    Reply from 200.203.1.1: bytes=56 Sequence=1 ttl=255 time=170 ms
  --- 200.203.1.1 ping statistics ---
    1 packet(s) transmitted
    1 packet(s) received
```

```
    0.00% packet loss
    round-trip min/avg/max = 170/170/170 ms
[AR3]ping -c 1 10.1.34.4
  PING 10.1.34.4: 56  data bytes, press CTRL_C to break
    Reply from 10.1.34.4: bytes=56 Sequence=1 ttl=255 time=210 ms
  --- 10.1.34.4 ping statistics ---
    1 packet(s) transmitted
    1 packet(s) received
    0.00% packet loss
    round-trip min/avg/max = 210/210/210 ms
[AR3]
```

```
[AR4]ping 180.100.1.1
  PING 180.100.1.1: 56  data bytes, press CTRL_C to break
    Reply from 180.100.1.1: bytes=56 Sequence=1 ttl=255 time=260 ms
    Reply from 180.100.1.1: bytes=56 Sequence=2 ttl=255 time=80 ms
    Reply from 180.100.1.1: bytes=56 Sequence=3 ttl=255 time=30 ms
    Reply from 180.100.1.1: bytes=56 Sequence=4 ttl=255 time=10 ms
    Reply from 180.100.1.1: bytes=56 Sequence=5 ttl=255 time=10 ms
  --- 180.100.1.1 ping statistics ---
    5 packet(s) transmitted
    5 packet(s) received
    0.00% packet loss
    round-trip min/avg/max = 10/78/260 ms
[AR4]
```

本地计算机测试与 FW1 连接是否正常：

C:\Users\zhengjincheng>ping 192.168.0.1   // 192.168.0.1 是防火墙 FW1 管理接口
                                                // GE0/0/0 的 IP 地址

正在 Ping 192.168.0.1 具有 32 字节的数据：
来自 192.168.0.1 的回复：字节 =32 时间 =1ms TTL=255
来自 192.168.0.1 的回复：字节 =32 时间 <1ms TTL=255
来自 192.168.0.1 的回复：字节 =32 时间 <1ms TTL=255
来自 192.168.0.1 的回复：字节 =32 时间 <1ms TTL=255
192.168.0.1 的 Ping 统计信息：
    数据包：已发送 = 4，已接收 = 4，丢失 = 0 (0% 丢失)，
往返行程的估计时间（以毫秒为单位）：
    最短 = 0ms，最长 = 1ms，平均 = 0ms
C:\Users\zhengjincheng>

由上面的结果可知，设备互联连接正确，IP 地址配置正常。

步骤❷：配置OSPF协议和默认路由。

（1）配置FW1的OSPF协议和出口默认路由，配置命令和结果如下。

```
[FW1]ospf 1
[FW1-ospf-1]default-route-advertise always    // 在 OSPF 协议中强制下发默认路由
[FW1-ospf-1]area 0
[FW1-ospf-1-area-0.0.0.0]network 10.1.11.2 0.0.0.0    // 通告网段 10.1.11.2
[FW1-ospf-1-area-0.0.0.0]quit
[FW1]ip route-static 0.0.0.0 0 200.202.1.2    // 配置默认路由，下一跳是 isp1（上行链路）
[FW1]ip route-static 0.0.0.0 0 200.203.1.3    // 配置默认路由，下一跳是 isp2（下行链路）
```

配置完成后，使用 display ip routing-table protocol static 命令检查默认路由，结果如下。

```
[FW1]display ip routing-table protocol static
2023-08-18 02:26:20.950
Route Flags: R - relay, D - download to fib
-----------------------------------------------------------------------------
Public routing table : Static
         Destinations : 1         Routes : 2         Configured Routes : 2
Static routing table status : <Active>
         Destinations : 1         Routes : 2
Destination/Mask  Proto   Pre  Cost  Flags NextHop        Interface
0.0.0.0/0         Static  60   0     RD    200.202.1.2    GigabitEthernet1/0/2
                  Static  60   0     RD    200.203.1.3    GigabitEthernet1/0/3
[FW1]
```

由上面的结果可知，FW1 的默认路由配置正常。

（2）配置 AR1 的 OSPF 协议，配置命令如下。

```
[AR1]ospf 1
[AR1-ospf-1]area 0
[AR1-ospf-1-area-0.0.0.0]network 10.1.11.1 0.0.0.0
[AR1-ospf-1-area-0.0.0.0]network 172.16.1.254 0.0.0.0
[AR1-ospf-1-area-0.0.0.0]network 172.16.2.254 0.0.0.0
[AR1-ospf-1-area-0.0.0.0]quit
[AR1-ospf-1]quit
```

配置完成后，在 AR1 上进行路由和 OSPF 邻居检查，结果如下。

```
[AR1]display ospf peer brief
        OSPF Process 1 with Router ID 172.16.1.254
                Peer Statistic Information
-----------------------------------------------------------------------------
Area Id         Interface             Neighbor id     State
0.0.0.0         GigabitEthernet0/0/0  10.1.11.2       Full
-----------------------------------------------------------------------------
[AR1]display ip routing-table protocol ospf
```

```
Route Flags: R - relay, D - download to fib
------------------------------------------------------------------------
Destination/Mask    Proto  Pre   Cost  Flags NextHop    Interface
0.0.0.0/0           O_ASE  150   1     D     10.1.11.2  GigabitEthernet0/0/0
[AR1]
```

由上面的结果可知，AR1与FW1之间已经成功建立OSPF邻居，并且AR1已经成功从防火墙收到一条默认路由。

（3）配置AR2、AR3和AR4的OSPF协议，配置命令如下。

```
[AR2]ospf 1
[AR2-ospf-1]area 0
[AR2-ospf-1-area-0.0.0.0]network 10.1.24.2 0.0.0.0
[AR2-ospf-1-area-0.0.0.0]network 200.202.1.2 0.0.0.0
[AR2-ospf-1-area-0.0.0.0]quit
[AR2-ospf-1]quit

[AR3]ospf 1
[AR3-ospf-1]area 0
[AR3-ospf-1-area-0.0.0.0]network 10.1.34.3 0.0.0.0
[AR3-ospf-1-area-0.0.0.0]network 200.203.1.3 0.0.0.0
[AR3-ospf-1-area-0.0.0.0]quit
[AR3-ospf-1]quit

[AR4]ospf 1
[AR4-ospf-1]area 0
[AR4-ospf-1-area-0.0.0.0]network 10.1.24.4 0.0.0.0
[AR4-ospf-1-area-0.0.0.0]network 10.1.34.4 0.0.0.0
[AR4-ospf-1-area-0.0.0.0]network 180.100.1.254 0.0.0.0
[AR4-ospf-1-area-0.0.0.0]quit
[AR4-ospf-1]quit
```

配置完成后，在AR4上查看OSPF邻居建立情况和路由学习情况，结果如下。

```
[AR4]display ospf peer brief
        OSPF Process 1 with Router ID 10.1.34.4
             Peer Statistic Information
------------------------------------------------------------------------
 Area Id          Interface                  Neighbor id      State
 0.0.0.0          GigabitEthernet0/0/1       10.1.34.3        Full
 0.0.0.0          GigabitEthernet0/0/0       10.1.24.2        Full
------------------------------------------------------------------------

[AR4]
[AR4]display ip routing-table protocol ospf
Route Flags: R - relay, D - download to fib
```

```
-------------------------------------------------------------------------------
Destination/Mask   Proto   Pre   Cost   Flags   NextHop      Interface
200.202.1.0/24     OSPF    10    2      D       10.1.24.2    GigabitEthernet0/0/0
200.203.1.0/24     OSPF    10    2      D       10.1.34.3    GigabitEthernet0/0/1
[AR4]
```

由上面的结果可知，AR4与AR2、AR3之间的OSPF邻居建立成功，且已经学习到对应的路由。

步骤❸：配置FW1的NAT策略，实现内网设备可以访问外网Server1的HTTP服务。

（1）配置源地址段172.16.1.0/24、172.16.2.0/24经FW1的接口GE1/0/2和GE1/0/3进行NAT转换，然后访问外网。

```
[FW1]nat-policy
[FW1-policy-nat]rule name isp_1    // 配置 NAT 策略名称
[FW1-policy-nat-rule-isp_1]source-zone trust
[FW1-policy-nat-rule-isp_1]source-address 172.16.1.0 24
[FW1-policy-nat-rule-isp_1]source-address 172.16.2.0 24
[FW1-policy-nat-rule-isp_1]egress-interface GigabitEthernet 1/0/2   // 指定出接口
[FW1-policy-nat-rule-isp_1]action source-nat easy-ip   // 进行 Easy-IP 转换
[FW1-policy-nat-rule-isp_1]quit
[FW1-policy-nat]rule name isp_2
[FW1-policy-nat-rule-isp_2]source-zone trust
[FW1-policy-nat-rule-isp_2]source-address 172.16.1.0 24
[FW1-policy-nat-rule-isp_2]source-address 172.16.2.0 24
[FW1-policy-nat-rule-isp_2]egress-interface GigabitEthernet 1/0/3
[FW1-policy-nat-rule-isp_2]action source-nat easy-ip
[FW1-policy-nat-rule-isp_2]quit
[FW1-policy-nat]quit
```

（2）配置完成后，测试Client1和Client2访问Server1的HTTP服务，测试命令和结果如图7-7和图7-8所示。

图7-7 Client1访问Server1的HTTP服务　　　　图7-8 Client2访问Server1的HTTP服务

同时在 FW1 上使用 display firewall session table 命令查看 HTTP 服务的会话信息。

```
[FW1]display firewall session table
2023-08-18 03:19:14.950
 Current Total Sessions : 2
 http  VPN: public --> public  172.16.1.1:2049[200.202.1.1:2048] -->
180.100.1.1:80
 netbios-name  VPN: default --> default  192.168.0.2:137 --> 192.168.0.255:137
[FW1]display firewall session table
2023-08-18 03:19:35.130
 Current Total Sessions : 2
 netbios-name  VPN: default --> default  192.168.0.2:137 --> 192.168.0.255:137
 http  VPN: public --> public  172.16.2.2:2049[200.202.1.1:2049] -->
180.100.1.1:80
[FW1]
```

由上面的结果可知，终端访问服务器 HTTP 服务满足需求，但出现故障无法进行切换。

步骤❹：配置 FW1 的策略路由。

（1）使用 CLI 命令行方式配置策略路由，配置命令如下。

```
[FW1]policy-based-route               // 进入策略路由配置视图
[FW1-policy-pbr]rule name isp1      // 创建策略路由名称
[FW1-policy-pbr-rule-isp1]source-zone trust
[FW1-policy-pbr-rule-isp1]source-address 172.16.1.0 24
[FW1-policy-pbr-rule-isp1] source-address 172.16.2.0 24
[FW1-policy-pbr-rule-isp1]service http   // 指定服务类型为 HTTP
[FW1-policy-pbr-rule-isp1]action pbr egress-interface GigabitEthernet 1/0/2
next-hop 200.202.1.2                 // 指定进行策略路由的出接口和下一跳 IP 地址
[FW1-policy-pbr-rule-isp1]quit
[FW1-policy-pbr]rule name isp2
[FW1-policy-pbr-rule-isp2]source-zone trust
[FW1-policy-pbr-rule-isp2]source-address 172.16.2.0 24
[FW1-policy-pbr-rule-isp2]source-address 172.16.1.0 24
[FW1-policy-pbr-rule-isp2]service http
[FW1-policy-pbr-rule-isp2]action pbr egress-interface GigabitEthernet 1/0/3
next-hop 200.203.1.3
[FW1-policy-pbr-rule-isp2]quit
```

配置完成后，在 FW1 上使用 display policy-based-route rule all 命令查看策略路由的配置情况，结果如下。

```
[FW1]display policy-based-route rule all
2023-08-18 03:40:02.720
Total:3
```

```
RULE ID    RULE NAME                          STATE    ACTION    HITS
----------------------------------------------------------------------
1          isp1                               enable   pbr       0
2          isp2                               enable   pbr       0
0          default                            enable   no-pbr    106
----------------------------------------------------------------------
[FW1]
```

（2）使用Web界面方式配置策略路由，配置方法如下。

登录USG防火墙后，选择【网络】→【路由】→【智能选路】→【策略路由】选项，单击【新建】按钮即可配置策略路由，如图7-9所示。

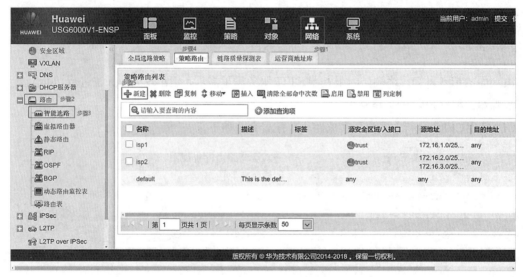

图7-9　Web界面方式配置策略路由

（3）测试策略路由。

测试前，先在FW1上使用display policy-based-route rule all命令查看策略路由的匹配计数情况，结果如下。

```
[FW1]display policy-based-route rule all
2023-08-18 03:58:40.540
Total:3
RULE ID    RULE NAME                          STATE    ACTION    HITS
----------------------------------------------------------------------
1          isp1                               enable   pbr       0
2          isp2                               enable   pbr       0
0          default                            enable   no-pbr    168
----------------------------------------------------------------------
[FW1]
```

由上面的结果可知，当前策略路由"isp1"和"isp2"没有匹配计数记录。

此时在Client1上测试Server1的HTTP服务，如图7-10所示。

查看FW1策略路由的匹配计数情况，结果如下。

```
[FW1]display policy-based-route rule all
2023-08-18 04:00:19.740
Total:3
RULE ID   RULE NAME   STATE    ACTION     HITS
----------------------------------------------------------------
1         isp1        enable   pbr        1
2         isp2        enable   pbr        0
0         default     enable   no-pbr     183
----------------------------------------------------------------

[FW1]
```

由上面的结果可知，策略路由"isp1"有匹配计数记录，说明上行链路的策略路由配置正常。

按照相同的方法，在Client2上测试Server1的HTTP服务，并查看FW1的策略路由是否有匹配计数记录，测试结果如图7-11所示。

图7-10　Client1测试Server1的HTTP服务

图7-11　Client2测试Server1的HTTP服务

此时FW1策略路由的匹配计数情况如下。

```
[FW1]display policy-based-route rule all
2023-08-18 04:07:17.270
Total:3
RULE ID   RULE NAME   STATE    ACTION     HITS
----------------------------------------------------------------
1         isp1        enable   pbr        1
2         isp2        enable   pbr        1
0         default     enable   no-pbr     199
----------------------------------------------------------------

[FW1]
```

由上面的结果可知，策略路由"isp2"有匹配计数记录，说明下行链路的策略路由配置正常。

步骤❺：测试故障情况下，链路切换情况。

（1）修改AR2接口GE0/0/0的IP地址，模拟故障。

```
[AR2]interface GigabitEthernet 0/0/0
[AR2-GigabitEthernet0/0/0]ip address 8.8.8.8 24  // 修改地址模拟故障
[AR2-GigabitEthernet0/0/0]quit
```

（2）测试Client1访问Server1的HTTP服务是否正常，结果如图7-12所示。

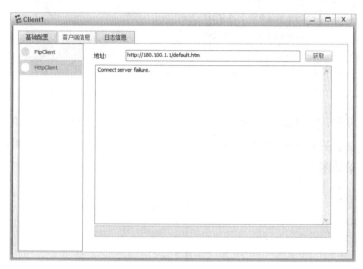

图7-12　测试Client1访问Server1的HTTP服务

由上面的结果可知，Client1无法访问Server1的HTTP服务，此时查看策略路由的匹配计数情况，结果如下。

```
[FW1]display policy-based-route rule all
2023-08-18 04:20:48.900
Total:3
RULE ID   RULE NAME   STATE     ACTION      HITS
-------------------------------------------------------------------------------
1         isp1        enable    pbr         2
2         isp2        enable    pbr         1
0         default     enable    no-pbr      226
-------------------------------------------------------------------------------
[FW1]
```

由上面的结果可知，策略路由没有成功切换到下行链路isp2，还是选择了上行链路isp1。

原因分析：由于AR2接口的IP地址修改引起的故障，FW1无法在当前配置下感知到该变化，路由表的路由下一跳还是两个出口且状态正常（图7-13），那么策略路由也会保持正常，即使此时FW1到AR2之间的链路已经不可达。所以，我们需要配置IP-Link技术实现与策略路由的联动，避免此类情况发生。

```
[FW1]display ip routing-table protocol static
2023-08-18 04:24:42.640
Route Flags: R - relay, D - download to fib
------------------------------------------------------------------
Public routing table : Static
         Destinations : 1        Routes : 2        Configured Routes : 2

Static routing table status : <Active>
         Destinations : 1        Routes : 2

Destination/Mask    Proto   Pre  Cost      Flags NextHop           Interface
        0.0.0.0/0   Static  60   0          RD   200.202.1.2       GigabitEthernet1/0/2
                    Static  60   0          RD   200.203.1.3       GigabitEthernet1/0/3

Static routing table status : <Inactive>
         Destinations : 0        Routes : 0

[FW1]
```

图 7-13　FW1 默认路由情况

步骤❻：配置 IP-Link 监控策略路由。

配置 IP-Link 之前，先恢复环境，在 AR2 上执行以下命令。

```
[AR2]interface GigabitEthernet 0/0/0
[AR2-GigabitEthernet0/0/0]ip address 200.202.1.2 24
[AR2-GigabitEthernet0/0/0]quit
```

（1）使用 CLI 命令行方式配置 IP-Link，配置命令如下。

```
[FW1]ip-link check enable        // 开启 IP-Link 功能
[FW1]ip-link name isp1           // 配置 IP-Link 名称
[FW1-iplink-isp1]destination 200.202.1.2 interface GigabitEthernet 1/0/2 mode icmp
                                 // 指定目的地址及探测协议为 ICMP
[FW1-iplink-isp1]quit
[FW1]ip-link check enable
[FW1]ip-link name isp2
[FW1-iplink-isp2]destination 200.203.1.3 interface GigabitEthernet 1/0/3 mode icmp
[FW1-iplink-isp2]quit
```

配置完成后，在 FW1 上使用 display ip-link 命令查看 IP-Link 的状态，结果如下。

```
[FW1]display ip-link
2023-08-18 04:35:41.030
Current Total Ip-link Number : 2
Name                            Member   State   Up/Down/Init
isp1                            1        up      1   0    0
isp2                            1        up      1   0    0
[FW1]
```

由上面的结果可知，IP-Link 的状态都是 up，检测正常。

（2）使用 Web 界面方式配置 IP-Link，配置步骤如图 7-14 所示。

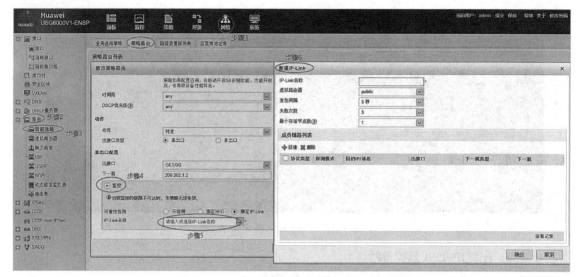

图7-14　Web界面方式配置IP-Link

（3）策略路由、默认路由关联IP-Link，配置命令如下。

```
[FW1]policy-based-route
[FW1-policy-pbr]rule name isp1
[FW1-policy-pbr-rule-isp1]track ip-link isp1
[FW1-policy-pbr-rule-isp1]quit
[FW1-policy-pbr]rule name isp2
[FW1-policy-pbr-rule-isp2]track ip-link isp2
[FW1-policy-pbr-rule-isp2]quit
[FW1-policy-pbr]quit
```

（4）再次模拟AR2出现故障，检查链路是否能切换，情况如下。

模拟FW1与AR2之间的链路故障。

```
[AR2]interface GigabitEthernet 0/0/0
[AR2-GigabitEthernet0/0/0]ip address 8.8.8.8 24
[AR2-GigabitEthernet0/0/0]quit
```

配置完成后，在FW1上查看IP-Link的状态，结果如下。

```
[FW1]display ip-link
2023-08-18 04:53:58.450
Current Total Ip-link Number : 2
Name                          Member    State    Up/Down/Init
isp1                          1         down     0  1   0
isp2                          1         up       1  0   0
[FW1]
```

由上面的结果可知，上行链路isp1的IP-Link检测失败。

此时在Client1上访问Server1，如图7-15所示。

图7-15　Client1访问Server1

在FW1的接口GE1/0/3上进行抓包，如图7-16所示。

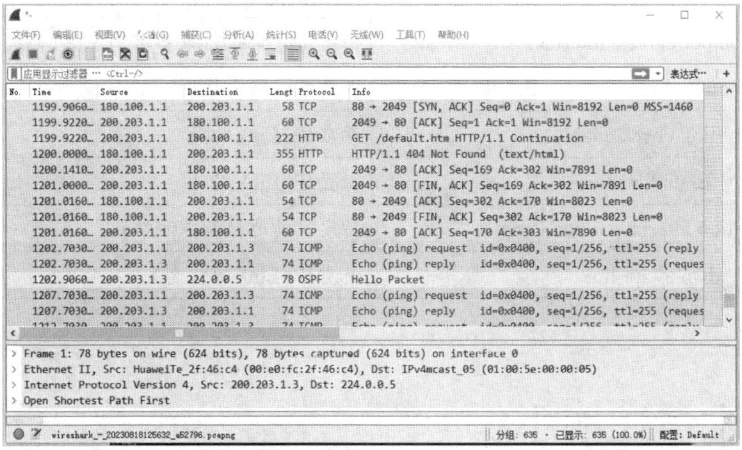

图7-16　在FW1的接口GE1/0/3上进行抓包

同时在FW1上查看策略路由的匹配计数情况，结果如下。

```
[FW1]display policy-based-route rule all
2023-08-18 05:31:38.580
Total:3
RULE ID   RULE NAME    STATE       ACTION       HITS
--------------------------------------------------------------------------------
1         isp1         enable      pbr          0
2         isp2         enable      pbr          1
0         default      enable      no-pbr       1039
--------------------------------------------------------------------------------
[FW1]
```

由上面的结果可知，在FW1与AR2之间的链路出现故障后，Client1访问Server1的HTTP服务流量是经过FW1的接口GE1/0/3转发的。至此，说明实验成功。

7.3 实验命令汇总

通过前面的学习，我们了解了策略路由的相关知识，接下来对实验中涉及的关键命令做一个总结，如表7-2所示。

表7-2　实验命令

命令	作用
default-route-advertise always	在OSPF协议中强制下发默认路由
egress-interface	指定出接口
policy-based-route	配置策略路由
action pbr egress-interface	指定出接口执行策略路由
display policy-based-route rule all	查看策略路由规则
ip-link check enable	开启IP-Link功能
ip-link name	配置IP-Link名称
destination interface mode icmp	指定目的地址及探测协议
display ip-link	查看IP-Link的状态

7.4 本章知识小结

本章主要介绍了策略路由的定义、分类、匹配条件、匹配动作和匹配规则，借助一个实验演示了策略路由的运用场景。最后结合HCIA-Security考试大纲，给读者展示几道历年的典型真题，帮助读者掌握本章内容。

7.5 典型真题

（1）[多选题]下面选项中属于策略路由的分类的是？

A. 本地策略路由　　　B. 接口策略路由　　　C. 交换策略路由　　　D. 全局策略路由

（2）[判断题]策略路由是在路由表已经产生的情况下，不按照现有的路由表进行转发，而是根据用户制定的策略进行路由选择的机制，从更多的维度（入接口、源安全区域、源地址/目的地址、用户、服务、应用）来决定报文如何转发，增加了在报文转发控制上的灵活度。

A. 正确 　　　　　 B. 错误

（3）［单选题］以下选项中不属于策略路由匹配动作的有？

A. 转发 　　　　　　　　　　 B. 转发至其他虚拟系统

C. 不做策略路由 　　　　　　 D. 拒绝

（4）［多选题］以下属于策略路由的匹配条件的是？

A. 入接口/源安全区域 　　　　 B. 源地址/目的地址

C. 用户 　　　　　　　　　　 D. DSCP优先级

（5）［判断题］策略路由并没有替代路由表机制，而是优先于路由表生效，为某些特殊业务指定转发方向。

A. 正确 　　　　　 B. 错误

第8章
状态检测

　　状态检测是防火墙的重要工作机制，状态检测防火墙使用基于连接状态的检测机制，将通信双方之间交互的属于同一连接的所有报文都作为整个数据流来对待。在状态检测防火墙看来，同一个数据流内的报文不再是孤立的个体，而是存在联系的。

　　状态检测功能在开启状态下，只有首包通过设备才能建立会话表项，后续包直接匹配会话表项进行转发。本章讨论状态检测对报文来回路径不一致的组网影响。

8.1 状态检测概述

区别于包过滤防火墙,状态检测防火墙更加适用于现在的网络环境,因其具有较多的优点,所以被广泛应用于生产环境中。

1. 状态检测的基本概念

防火墙通过状态检测功能来对报文的链路状态进行合法性检查,丢弃链路状态不合法的报文。状态检测功能不仅检测普通报文,也对内层报文(VPN报文解封装后的报文)进行检测。

(1)当防火墙作为网络的唯一出口时,所有报文都必须经过防火墙转发。在这种情况下,一次通信过程中来回两个方向的报文都能经过防火墙的处理,这种组网环境也称为报文来回路径一致的组网环境。此时就可以在防火墙上开启状态检测功能,保证业务安全。

(2)但是,在报文来回路径不一致的组网环境中,防火墙可能只会收到通信过程中的后续报文,而没有收到首包,在这种情况下,为了保证业务正常,就需要关闭防火墙的状态检测功能。当关闭状态检测功能后,防火墙可以通过后续报文创建会话,保证业务的正常运行。

2. 状态检测对TCP和ICMP首包的处理行为

状态检测功能在开启或关闭的情况下,对收到的TCP和ICMP首包的处理行为不一样。对于这些报文是否创建会话,还受到了各项安全机制的限制,如安全策略是否放行等。

TCP和ICMP报文创建会话的情况如表8-1所示。

表8-1 TCP和ICMP报文创建会话的情况

协议	首包报文类型	开启状态检测功能	关闭状态检测功能
TCP	SYN报文	创建会话,转发报文	创建会话,转发报文
	SYN+ACK、ACK报文	不创建会话,丢弃报文	创建会话,转发报文
ICMP	Ping回显请求报文	创建会话,转发报文	创建会话,转发报文
	Ping回显应答报文	不创建会话,丢弃报文	创建会话,转发报文
	目标不可达报文	不创建会话,丢弃报文	不创建会话,丢弃报文
	其他ICMP报文	创建会话,转发报文,但不支持NAT转换	创建会话,转发报文,但不支持NAT转换

8.2 状态检测实验

本实验拓扑由USG6000V系列防火墙、AR1220路由器和若干终端组成,在报文来回路径不一致的组网中，观察开启或关闭状态检测功能对该场景的影响。为了便于读者在工作中使用Web界面进行配置，本实验采用CLI命令行和Web界面两种配置方式。

1. 实验目标

（1）掌握CLI命令行方式开启或关闭防火墙状态检测功能。

（2）掌握Web界面方式开启或关闭防火墙状态检测功能。

（3）掌握状态检测的作用和原理。

2. 实验拓扑

接下来，我们通过eNSP实现防火墙状态检测的实验配置，其中防火墙FW1与本地计算机进行了桥接（桥接方法请参考前文介绍），实验拓扑如图8-1所示。

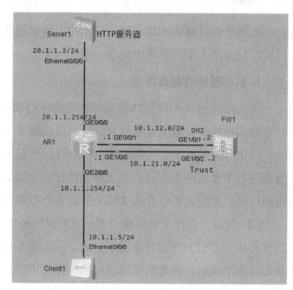

图8-1 状态检测实验拓扑

3. 实验步骤

步骤❶：配置IP地址及初始化设置。

（1）配置AR1的IP地址，配置命令如下。

```
<Huawei>system-view
Enter system view, return user view with Ctrl+Z.
[Huawei]sysname AR1
[AR1]interface GigabitEthernet 0/0/0
[AR1-GigabitEthernet0/0/0]ip address 20.1.1.254 24
[AR1-GigabitEthernet0/0/0]quit
[AR1]interface GigabitEthernet 2/0/0
[AR1-GigabitEthernet2/0/0]ip address 10.1.1.254 24
[AR1-GigabitEthernet2/0/0]quit
[AR1]interface GigabitEthernet 0/0/1
[AR1-GigabitEthernet0/0/1]ip address 10.1.12.1 24
[AR1-GigabitEthernet0/0/1]quit
[AR1]interface GigabitEthernet 1/0/0
[AR1-GigabitEthernet1/0/0]ip address 10.1.21.1 24
[AR1-GigabitEthernet1/0/0]quit
```

（2）配置FW1的IP地址和划分安全区域，配置命令如下。

```
Username:admin
Password:
The password needs to be changed. Change now? [Y/N]: y
Please enter old password:
```

```
Please enter new password:
Please confirm new password:
 Info: Your password has been changed. Save the change to survive a reboot.
************************************************************
*         Copyright (C) 2014-2018 Huawei Technologies Co., Ltd.      *
*                      All rights reserved.                          *
*              Without the owner's prior written consent,            *
*         no decompiling or reverse-engineering shall be allowed.    *
************************************************************
<USG6000V1>system-view
Enter system view, return user view with Ctrl+Z.
[USG6000V1]sysname FW1
[FW1]interface GigabitEthernet 1/0/1
[FW1-GigabitEthernet1/0/1]ip address 10.1.12.2 24
[FW1-GigabitEthernet1/0/1]quit
[FW1]interface GigabitEthernet 1/0/2
[FW1-GigabitEthernet1/0/2]ip address 10.1.21.2 24
[FW1-GigabitEthernet1/0/2]quit
[FW1]firewall zone dmz
[FW1-zone-dmz]add interface GigabitEthernet 1/0/1
[FW1-zone-dmz]quit
[FW1]firewall zone trust
[FW1-zone-trust]add interface GigabitEthernet 1/0/2
[FW1-zone-trust]quit
```

（3）配置Server1的IP地址并开启HTTP服务，如图8-2和图8-3所示。

图8-2　配置Server1的IP地址　　　　　图8-3　开启HTTP服务

（4）配置Client1的IP地址，如图8-4所示。

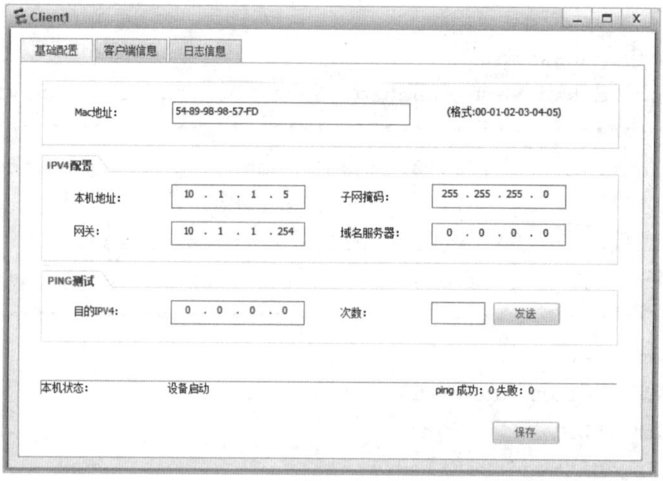

图 8-4　配置 Client1 的 IP 地址

技术要点

> 　　配置完成后，Client1 可以访问 Server1 的 HTTP 服务：http://20.1.1.3/default.htm。由于 HTTP 服务器属于外网环境中的一台服务器，Client1 访问 HTTP 服务器的路径是 Client1→AR1→HTTP Server，但 HTTP Server 的回包路径是 HTTP Server→AR1→FW1→AR1→Client1，这是典型的来回路径不一致场景。由于该场景首包没有经过防火墙，所以防火墙 FW1 无法完成状态检测。为了使回包经过防火墙 FW1，我们需要在 AR1 上配置策略路由实现该需求。

　　步骤❷：配置策略路由，引导回包经过防火墙，配置命令如下。

```
[AR1]acl number 3000                    // 配置高级 ACL 3000
[AR1-acl-adv-3000]rule 5 permit tcp source 20.1.1.3 0 source-port eq www
destination 10.1.1.5 0                  // 允许回包被匹配
[AR1-acl-adv-3000]quit
[AR1]traffic classifier To_FW1     // 配置流分类
[AR1-classifier-To_FW1]if-match acl 3000
[AR1-classifier-To_FW1]quit
[AR1]traffic behavior To_FW1            // 配置流行为
[AR1-behavior-To_FW1]redirect ip-nexthop 10.1.12.2
[AR1-behavior-To_FW1]quit
[AR1]traffic policy To_FW1              // 配置流策略
[AR1-trafficpolicy-To_FW1]classifier To_FW1 behavior To_FW1
[AR1-trafficpolicy-To_FW1]quit
[AR1]interface GigabitEthernet 0/0/0
[AR1-GigabitEthernet0/0/0]traffic-policy To_FW1 inbound  // 接口调用流策略
[AR1-GigabitEthernet0/0/0]quit
```

　　配置完成后，在 AR1 的接口 GE0/0/1 上进行抓包，并在 Client1 上访问 Server1 的 HTTP 服务，观察 AR1 的策略路由是否生效，测试结果如图 8-5 和图 8-6 所示。

图 8-5　Client1 访问 Server1 的 HTTP 服务

图 8-6　AR1 的接口 GE0/0/1 的抓包情况

由上面的结果可知，策略路由并未生效，需要进一步配置。

步骤❸：配置防火墙安全策略，放行回包报文，配置命令如下。

```
[FW1]security-policy
[FW1-policy-security]rule name test1
[FW1-policy-security-rule-test1]source-zone dmz
[FW1-policy-security-rule-test1]destination-zone trust
[FW1-policy-security-rule-test1] source-address 20.1.1.3 mask 255.255.255.255
[FW1-policy-security-rule-test1] destination-address 10.1.1.5 mask
255.255.255.255
[FW1-policy-security-rule-test1] action permit
[FW1-policy-security-rule-test1]quit
[FW1-policy-security]quit
```

允许 Server1 回包给 Client1 的返程报文。

步骤❹：配置 FW1 回包给 10.1.1.5/32 的静态路由，配置命令如下。

```
[FW1]ip route-static 10.1.1.5 32 10.1.21.1
```

配置完成后，使用 display ip routing-table protocol static 命令进行检查，结果如下。

```
[FW1]display ip routing-table protocol static
2023-08-18 14:57:39.120
Route Flags: R - relay, D - download to fib
------------------------------------------------------------------------------
Public routing table : Static
        Destinations : 1       Routes : 1       Configured Routes : 1
Static routing table status : <Active>
        Destinations : 1       Routes : 1
Destination/Mask      Proto   Pre  Cost  Flags NextHop       Interface
10.1.1.5/32           Static  60   0     RD    10.1.21.1     GigabitEthernet1/0/2
```

```
Static routing table status : <Inactive>
          Destinations : 0          Routes : 0
[FW1]
```

由上面的结果可知，FW1静态路由配置成功，已有前往10.1.1.5/32的路由。

步骤❺：触发生成缓存表，测试策略路由。

（1）在FW1的接口GE1/0/1上开启ping测试功能，配置命令如下。

```
[FW1]interface GigabitEthernet 1/0/1
[FW1-GigabitEthernet1/0/1]service-manage ping permit
[FW1-GigabitEthernet1/0/1]quit
```

（2）在AR1上访问10.1.12.2，触发生成缓存表，结果如下。

```
[AR1]ping 10.1.12.2
  PING 10.1.12.2: 56  data bytes, press CTRL_C to break
    Reply from 10.1.12.2: bytes=56 Sequence=1 ttl=255 time=100 ms
    Reply from 10.1.12.2: bytes=56 Sequence=2 ttl=255 time=10 ms
    Reply from 10.1.12.2: bytes=56 Sequence=3 ttl=255 time=10 ms
    Reply from 10.1.12.2: bytes=56 Sequence=4 ttl=255 time=10 ms
    Reply from 10.1.12.2: bytes=56 Sequence=5 ttl=255 time=10 ms
  --- 10.1.12.2 ping statistics ---
    5 packet(s) transmitted
    5 packet(s) received
    0.00% packet loss
    round-trip min/avg/max = 10/28/100 ms
[AR1]
```

（3）继续观察AR1的接口GE1/0/1的抓包情况，并在Client1上访问Server1的HTTP服务，结果如图8-7和图8-8所示。

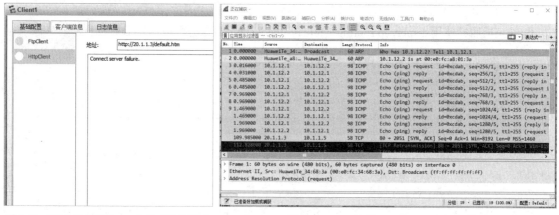

图8-7　Client1访问Server1的HTTP服务　　　　图8-8　AR1的接口GE1/0/1的抓包情况

由上面的结果可知，策略路由已经生效，Server1回包给Client1的报文被策略路由引导到接口GE1/0/1发给防火墙FW1。但此时Client1无法成功访问Server1的HTTP服务，因为防火墙状态检测默认不为非首包生成会话，可以选择性关闭。

步骤❻：关闭防火墙FW1的状态检测功能。

（1）关闭防火墙FW1的状态检测功能，配置命令如下。

```
[FW1]undo firewall session link-state ?
  check     Indicate link state check
  exclude   Exclude packets which match the ACL
  icmp      Indicate ICMP packet
  tcp       Indicate TCP packet
```

以上参数解析如下。

①check：表示链路状态检测。

②exclude：针对符合ACL的流量跳过状态检测。

③icmp：表示ICMP报文。

④tcp：表示TCP报文。

因为该场景中涉及的HTTP服务属于TCP，所以配置命令如下。

```
[FW1]undo firewall session link-state tcp check
```

（2）使用Web界面方式开启或关闭TCP和ICMP的状态检测功能，配置方法为：选择【系统】→【配置】→【高级配置】选项，如图8-9所示。

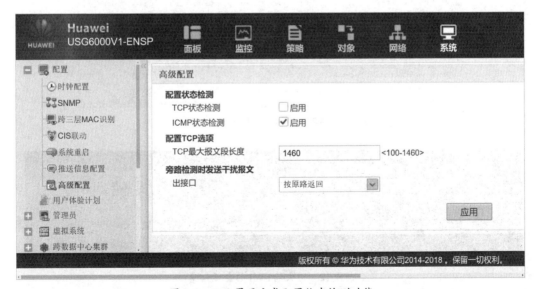

图 8-9　Web界面方式配置状态检测功能

（3）再次测试Client1访问Server1的HTTP服务，结果如图8-10、图8-11和图8-12所示。

图 8-10　Client1 访问 Server1 的 HTTP 服务

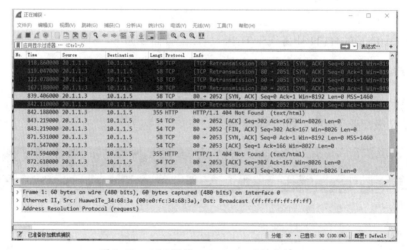

图 8-11　AR1 的接口 GE1/0/1 的抓包情况

```
[FW1]display firewall session table  verbose
2023年08月18日 15:16:47.260
当前会话表总数：1
tcp VPN: public --> public  ID: c387f049fba41281b464df8b57
Zone: dmz --> trust  TTL: 00:00:10  Left: 00:00:03
Recv Interface: GigabitEthernet1/0/1
Interface: GigabitEthernet1/0/2  NextHop: 10.1.21.1  MAC: 00e0-fc35-6839
<--packets: 0 bytes: 0 --> packets: 5 bytes: 505
20.1.1.3:80 --> 10.1.1.5:2053 PolicyName: test1
TCP State: close

[FW1]
```

图 8-12　防火墙 FW1 的会话信息

由上面的结果可知，此时 Client1 可以正常访问 Server1 的 HTTP 服务，且来回路径不一致。报文从 Client1 发往 Server1 的路径是 Client1→AR1→Server1，但 Server1 回包给 Client1 的路径却是

Server1→AR1→FW1→AR1→Client1，首包没经过FW1，在关闭FW1的状态检测功能后，访问正常，FW1也生成了对应的会话并放行了流量。至此，说明实验成功。

8.3 实验命令汇总

通过前面的学习，我们了解了状态检测的相关知识，接下来对实验中涉及的关键命令做一个总结，如表8-2所示。

表8-2　实验命令

命令	作用
acl number 3000	配置 ACL 编号为 3000
traffic classifier To_FW1	配置流分类
traffic behavior To_FW1	配置流行为
traffic policy To_FW1	配置流策略

8.4 本章知识小结

本章主要介绍了防火墙状态检测功能，通过学习，我们知道状态检测防火墙相比于包过滤防火墙具有更多的优点，因此被广泛运用在现网中。通过实验配置，让读者更加直观具体地学习了状态检测的作用和原理。

8.5 典型真题

（1）[单选题]在状态检测防火墙中，开启状态检测功能时，三次握手的第二个报文（SYN+ACK）到达防火墙时，如果防火墙上还没有对应的会话表，以下哪项描述是正确的？

A. 防火墙不会创建会话表但允许报文通过

B. 如果防火墙安全策略允许报文通过，则创建会话表

C. 报文一定不能通过防火墙

D. 报文一定能通过防火墙，并创建会话

（2）[判断题]网关防病毒的代理扫描技术指的是通过状态检测技术及协议解析技术，简单地提取文件的特征与本地特征库进行匹配。

A. 正确　　　　　　　　B. 错误

（3）［多选题］关于NAT策略处理流程，以下哪些选项是正确的？

A. Server-map在状态检测之后处理

B. 源NAT策略查询在创建会话之后处理

C. 源NAT策略在安全策略匹配之后处理

D. Server-map在安全策略匹配之前处理

（4）［填空题］可通过在防火墙上执行display firewall session_____命令来查看状态检测功能的开启情况。（英文，全小写）

（5）［填空题］在配置状态中，TCP状态检测功能和ICMP状态检测功能是相互独立的，开启或关闭一种数据流的状态检测，不会对另一种数据流的状态检测产生影响。缺省情况下，TCP最大报文段长度为_____字节。（请填写阿拉伯数字）

第9章
会话表

防火墙会将属于同一连接的所有报文作为一个整体的数据流（会话）来对待。会话表是用来记录TCP、UDP、ICMP等协议连接状态的表项，是防火墙转发报文的重要依据。

9.1 会话表概述

防火墙采用了基于"状态"的报文控制机制：只对首包或少量报文进行检测就确定一条连接的状态，大量报文直接根据所属连接的状态进行控制。这种状态检测机制迅速提高了防火墙的检测和转发效率。会话表就是为了记录连接的状态而存在的，设备在转发TCP、UDP和ICMP报文时都需要查询会话表，来判断该报文所属的连接并采取相应的处理措施。

1. 会话表的定义

由前文的学习我们可以知道，状态检测防火墙需要维护一张表项，用来记录TCP、UDP、ICMP等协议连接状态的表项，该表项就是会话表，是防火墙转发报文的重要依据。

2. 会话表的作用

会话表在防火墙处理报文的过程中起到了重要的作用，其中UDP、TCP、ICMP ping报文、ICMPv6 ping报文、GRE、AH、ESP、IPIP、OSPF、RIP、BFD等IP类协议报文会创建会话，ICMP差错报文、组播报文、广播报文、分片后续片报文、非IP类协议报文不会创建会话。

3. 会话老化

对于一个已经建立的会话表项，只有当它不断被报文匹配时才有存在的必要。如果长时间没有报文匹配，则说明可能通信双方已经断开了连接，不再需要该条会话表项了。此时，为了节约系统资源，系统会在一条表项连续未被匹配一段时间后将其删除，即会话表项已经老化。

如果在会话表项老化之后，又有和这条表项相同的五元组的报文通过，则系统会重新根据安全策略决定是否为其创建会话表项。如果不能创建会话表项，则这个报文是不能被转发的。所以，会话表老化时间的长短对系统转发有以下影响。

（1）如果会话表老化时间过长，会导致系统中可能存在很多已经断开连接的会话表占用系统资源，并且有可能导致新的会话表项不能正常创建，影响其他业务的转发。

（2）如果会话表老化时间过短，会导致一些可能需要长时间才收发一次报文的连接被系统强行中断，影响这种业务的转发。

在某些场景下，当网络中发生某些攻击时，防火墙上的并发会话数快速增长，可能导致正常业务无法创建新的会话。防火墙提供会话快速老化功能，并发会话数或内存使用率达到一定条件后，防火墙会加速会话老化进程，提前老化会话，快速降低会话表使用率。

9.2 实验一：会话表老化实验

本实验拓扑由USG6000V系列防火墙和测试终端组成，通过在防火墙FW1上配置会话表老化时间，观察对会话表老化速度的影响。为了便于读者在工作中使用Web界面进行配置，本实验采用CLI命令行和Web界面两种配置方式。

1. 实验目标

（1）掌握CLI命令行方式修改防火墙会话表老化时间。

（2）掌握Web界面方式修改防火墙会话表老化时间。

（3）理解会话表老化速度对防火墙的影响。

2. 实验拓扑

接下来，我们通过eNSP实现防火墙会话表老化时间的实验配置，其中防火墙FW1与本地计算机进行了桥接（桥接方法请参考前文介绍），实验拓扑如图9-1所示。

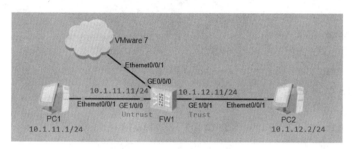

图9-1　会话表老化实验拓扑

3. 实验步骤

步骤❶：配置IP地址及初始化设置。

（1）配置PC1的IP地址，如图9-2所示。

（2）配置PC2的IP地址，如图9-3所示。

图9-2　配置PC1的IP地址　　　图9-3　配置PC2的IP地址

（3）配置FW1的IP地址和划分安全区域，配置命令如下。

```
Username:admin
Password:
```

```
The password needs to be changed. Change now? [Y/N]: y
Please enter old password:
Please enter new password:
Please confirm new password:
 Info: Your password has been changed. Save the change to survive a reboot.
*************************************************************************
*         Copyright (C) 2014-2018 Huawei Technologies Co., Ltd.       *
*                        All rights reserved.                         *
*              Without the owner's prior written consent,             *
*         no decompiling or reverse-engineering shall be allowed.      *
*************************************************************************
<USG6000V1>system-view
Enter system view, return user view with Ctrl+Z.
[USG6000V1]sysname FW1
[FW1]interface GigabitEthernet 0/0/0
[FW1-GigabitEthernet0/0/0]service-manage all permit
[FW1-GigabitEthernet0/0/0]quit
[FW1]interface GigabitEthernet 1/0/0
[FW1-GigabitEthernet1/0/0]ip address 10.1.11.11 24
[FW1-GigabitEthernet1/0/0]service-manage all permit
[FW1-GigabitEthernet1/0/0]quit
[FW1]interface GigabitEthernet 1/0/1
[FW1-GigabitEthernet1/0/1]ip address 10.1.12.11 24
[FW1-GigabitEthernet1/0/1]service-manage all permit
[FW1-GigabitEthernet1/0/1]quit
[FW1]firewall zone untrust
[FW1-zone-untrust]add interface GigabitEthernet 1/0/0
[FW1-zone-untrust]quit
[FW1]firewall zone trust
[FW1-zone-trust]add interface GigabitEthernet 1/0/1
[FW1-zone-trust]quit
```

步骤❷：配置防火墙FW1的安全策略。

（1）配置防火墙FW1的安全策略，允许PC1 ping PC2，配置命令如下。

```
[FW1]security-policy
[FW1-policy-security]rule name permit_untrust_to_trust
[FW1-policy-security-rule-permit_untrust_to_trust]source-zone untrust
[FW1-policy-security-rule-permit_untrust_to_trust]destination-zone trust
[FW1-policy-security-rule-permit_untrust_to_trust]source-address 10.1.11.0 24
[FW1-policy-security-rule-permit_untrust_to_trust]destination-address
10.1.12.0 24
[FW1-policy-security-rule-permit_untrust_to_trust]service icmp
```

第 9 章
会话表

```
[FW1-policy-security-rule-permit_untrust_to_trust]action permit
[FW1-policy-security-rule-permit_untrust_to_trust]quit
[FW1-policy-security]quit
```

（2）在PC1上对PC2的IP地址10.1.12.2进行ping测试，测试结果如下。

```
PC>ping 10.1.12.2
Ping 10.1.12.2: 32 data bytes, Press Ctrl_C to break
Request timeout!
From 10.1.12.2: bytes=32 seq=2 ttl=127 time=15 ms
From 10.1.12.2: bytes=32 seq=3 ttl=127 time<1 ms
From 10.1.12.2: bytes=32 seq=4 ttl=127 time=16 ms
From 10.1.12.2: bytes=32 seq=5 ttl=127 time<1 ms
--- 10.1.12.2 ping statistics ---
 5 packet(s) transmitted
 4 packet(s) received
 20.00% packet loss
 round-trip min/avg/max = 0/7/16 ms
```

由上面的结果可知，PC1成功ping通PC2。

步骤❸：测试防火墙会话表老化时间。

（1）在终端PC1上ping PC2的IP地址，如图9-4所示。

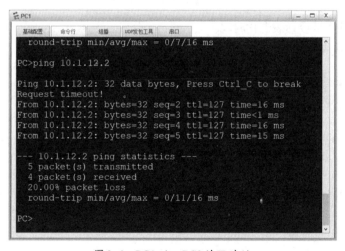

图9-4　PC1 ping PC2的IP地址

（2）在防火墙FW1上查看会话表信息及会话表老化时间，如图9-5所示。

> **注意**
>
> 如果遇到防火墙本身还存在会话表项且长时间没有老化的情况，可以使用下面的命令进行清除。
>
> --
>
> ```
> <FW1>reset firewall session table //清除防火墙会话表项
> Warning:Reseting session table will affect the system's normal service.
> ```

[133]

```
Continue? [Y/N]:y
<FW1>
```

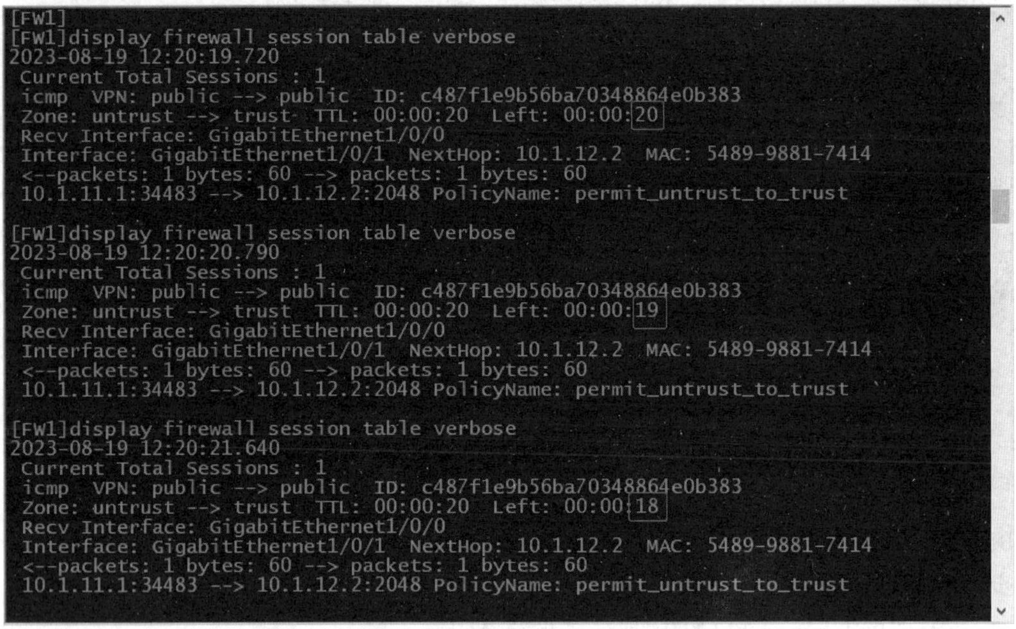

```
[FW1]
[FW1]display firewall session table verbose
2023-08-19 12:20:19.720
Current Total Sessions : 1
 icmp  VPN: public --> public  ID: c487f1e9b56ba70348864e0b383
 Zone: untrust --> trust  TTL: 00:00:20  Left: 00:00:20
 Recv Interface: GigabitEthernet1/0/0
 Interface: GigabitEthernet1/0/1  NextHop: 10.1.12.2  MAC: 5489-9881-7414
 <--packets: 1 bytes: 60 --> packets: 1 bytes: 60
 10.1.11.1:34483 --> 10.1.12.2:2048 PolicyName: permit_untrust_to_trust

[FW1]display firewall session table verbose
2023-08-19 12:20:20.790
Current Total Sessions : 1
 icmp  VPN: public --> public  ID: c487f1e9b56ba70348864e0b383
 Zone: untrust --> trust  TTL: 00:00:20  Left: 00:00:19
 Recv Interface: GigabitEthernet1/0/0
 Interface: GigabitEthernet1/0/1  NextHop: 10.1.12.2  MAC: 5489-9881-7414
 <--packets: 1 bytes: 60 --> packets: 1 bytes: 60
 10.1.11.1:34483 --> 10.1.12.2:2048 PolicyName: permit_untrust_to_trust

[FW1]display firewall session table verbose
2023-08-19 12:20:21.640
Current Total Sessions : 1
 icmp  VPN: public --> public  ID: c487f1e9b56ba70348864e0b383
 Zone: untrust --> trust  TTL: 00:00:20  Left: 00:00:18
 Recv Interface: GigabitEthernet1/0/0
 Interface: GigabitEthernet1/0/1  NextHop: 10.1.12.2  MAC: 5489-9881-7414
 <--packets: 1 bytes: 60 --> packets: 1 bytes: 60
 10.1.11.1:34483 --> 10.1.12.2:2048 PolicyName: permit_untrust_to_trust
```

图9-5　查看会话表老化时间

步骤❹：调整防火墙会话表老化时间。

（1）使用CLI命令行方式配置会话表老化时间，配置命令如下。

```
[FW1]security-policy
[FW1-policy-security]rule name permit_untrust_to_trust
[FW1-policy-security-rule-permit_untrust_to_trust]session aging-time ?
  INTEGER<1-65535>  Specify the aging-time value for session, in second
[FW1-policy-security-rule-permit_untrust_to_trust]session aging-time 65535
                                          // 配置会话表老化时间为 65535 秒
[FW1-policy-security-rule-permit_untrust_to_trust]quit
[FW1-policy-security]quit
[FW1]
```

（2）使用Web界面方式配置会话表老化时间，配置步骤如下。

①选择【对象】→【服务】→【服务】选项。

②单击服务对应的名称，修改【会话超时时间】。也可以单击【新建】按钮自定义服务，并配置会话超时时间。

③单击【确定】按钮。

具体配置步骤如图9-6所示。

图 9-6　Web 界面方式配置会话表老化时间

（3）查看防火墙会话表老化时间的修改情况。

在 PC1 上 ping PC2 的 IP 地址，如图 9-7 所示。

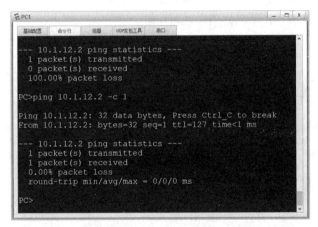

图 9-7　PC1 ping PC2 的 IP 地址

查看防火墙 FW1 的会话表老化时间，如图 9-8 所示。

```
[FW1]display firewall session table  verbose
2023-08-19 13:00:23.450
 Current Total Sessions : 1
 icmp  VPN: public --> public  ID: c487f1e9b5659982d3d64e0bcd9
 Zone: untrust --> trust  TTL: 18:12:15  Left: 18:12:01
 Recv Interface: GigabitEthernet1/0/0
 Interface: GigabitEthernet1/0/1  NextHop: 10.1.12.2  MAC: 5489-9881-7414
 <--packets: 0 bytes: 0 --> packets: 1 bytes: 60
 10.1.11.1:56508 --> 10.1.12.2:2048 PolicyName: permit_untrust_to_trust

[FW1]
```

图 9-8　查看 FW1 的会话表老化时间

由上面的结果可知，防火墙的会话表老化时间已经成功修改为65535秒，说明实验配置成功。

技术要点

读者可以根据实际需要，配置防火墙各服务对应的会话表老化时间。

通常情况下，可以直接使用系统缺省的会话表老化时间。如果需要修改，首先要对实际网络中流量的类型和连接数做出估计和判断。对于某些需要进行长时间连接的特殊业务，建议配置长连接，而不是将一种协议类型的流量的老化时间全部延长。

9.3 实验二：会话表长连接实验

本实验拓扑由USG6000V系列防火墙、测试终端和FTP服务器组成，通过在防火墙FW1上配置会话表长连接，观察防火墙长连接的作用。为了便于读者在工作中使用Web界面进行配置，本实验采用CLI命令行和Web界面两种配置方式。

1. 实验目标

（1）掌握CLI命令行方式配置和修改防火墙会话表长连接时间。

（2）掌握Web界面方式配置和修改防火墙会话表长连接时间。

（3）掌握防火墙会话表长连接的使用场景和作用。

2. 实验拓扑

接下来，我们通过eNSP实现防火墙会话表长连接的实验配置，其中防火墙FW1与本地计算机进行了桥接（桥接方法请参考前文介绍），实验拓扑如图9-9所示。

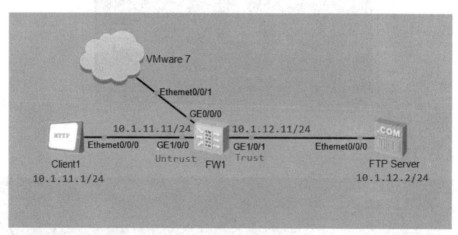

图9-9　会话表长连接实验拓扑

3. 实验步骤

步骤❶：配置IP地址及初始化设置。

（1）配置Client1的IP地址，如图9-10
所示。

（2）配置FTP Server的IP地址并开启FTP
服务，如图9-11和图9-12所示。

图9-10 配置Client1的IP地址

图9-11 配置FTP Server的IP地址

图9-12 开启FTP服务

（3）配置FW1的IP地址和划分接口所属安全区域，配置命令如下。

```
Username:admin
Password:
The password needs to be changed. Change now? [Y/N]: y
Please enter old password:
Please enter new password:
Please confirm new password:
 Info: Your password has been changed. Save the change to survive a reboot.
*******************************************************************
*          Copyright (C) 2014-2018 Huawei Technologies Co., Ltd.       *
*                          All rights reserved.                        *
*              Without the owner's prior written consent,              *
*        no decompiling or reverse-engineering shall be allowed.       *
*******************************************************************
<USG6000V1>system-view
Enter system view, return user view with Ctrl+Z.
[USG6000V1]sysname FW1
```

```
[FW1]interface GigabitEthernet 0/0/0
[FW1-GigabitEthernet0/0/0]service-manage ping permit      // 允许管理接口被 ping
[FW1-GigabitEthernet0/0/0]service-manage https permit     // 允许管理接口被 Web 网管
[FW1-GigabitEthernet0/0/0]quit
[FW1]interface GigabitEthernet 1/0/0
[FW1-GigabitEthernet1/0/0]ip address 10.1.11.11 24
[FW1-GigabitEthernet1/0/0]service-manage ping permit      // 允许接口被 ping
[FW1-GigabitEthernet1/0/0]quit
[FW1]interface GigabitEthernet 1/0/1
[FW1-GigabitEthernet1/0/1]service-manage ping permit      // 允许接口被 ping
[FW1-GigabitEthernet1/0/1]ip address 10.1.12.11 24
[FW1-GigabitEthernet1/0/1]quit
[FW1]firewall zone untrust
[FW1-zone-untrust]add interface GigabitEthernet 1/0/0
[FW1-zone-untrust]quit
[FW1]firewall zone trust
[FW1-zone-trust]add interface GigabitEthernet 1/0/1
[FW1-zone-trust]quit
```

配置完成后，测试Client1、FTP Server、本地计算机网卡与FW1之间的连通性，测试结果如图9-13、图9-14和图9-15所示。

图9-13　测试Client1与FW1之间的连通性

图9-14　测试FTP Server与FW1之间的连通性

由上面的结果可知，Client1、FTP Server、本地计算机网卡与FW1之间的通信正常。

步骤❷：配置防火墙安全策略并测试Client1访问FTP服务。

（1）配置防火墙安全策略，允许Untrust区域的Client1访问Trust区域的FTP服务，配置命令如下。

图9-15　测试本地计算机网卡与FW1之间的连通性

```
[FW1]security-policy
[FW1-policy-security]rule name permit_ftp
[FW1-policy-security-rule-permit_ftp]source-zone untrust
[FW1-policy-security-rule-permit_ftp]destination-zone trust
[FW1-policy-security-rule-permit_ftp]source-address 10.1.11.0 24
[FW1-policy-security-rule-permit_ftp]destination-address 10.1.12.0 24
[FW1-policy-security-rule-permit_ftp]service ftp
[FW1-policy-security-rule-permit_ftp]action permit
[FW1-policy-security-rule-permit_ftp]quit
[FW1-policy-security]quit
```

（2）在Client1上访问FTP Server的FTP服务，如图9-16所示。

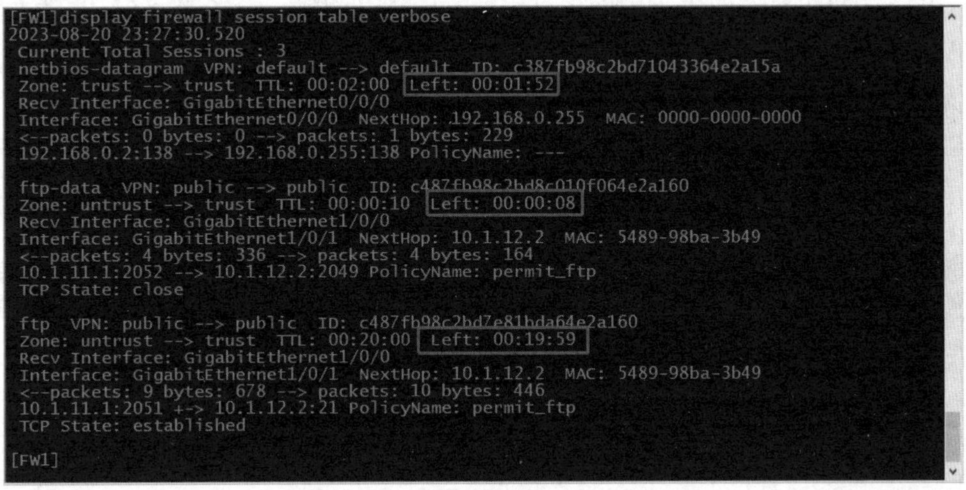

```
[FW1]display firewall session table verbose
2023-08-20 23:27:30.520
 Current Total Sessions : 3
 netbios-datagram  VPN: default --> default  ID: c387fb98c2bd71043364e2a15a
 Zone: trust --> trust  TTL: 00:02:00  Left: 00:01:52
 Recv Interface: GigabitEthernet0/0/0
 Interface: GigabitEthernet0/0/0  NextHop: 192.168.0.255  MAC: 0000-0000-0000
 <--packets: 0 bytes: 0 --> packets: 1 bytes: 229
 192.168.0.2:138 --> 192.168.0.255:138 PolicyName: ---

 ftp-data  VPN: public --> public  ID: c487fb98c2bd8c010f064e2a160
 Zone: untrust --> trust  TTL: 00:00:10  Left: 00:00:08
 Recv Interface: GigabitEthernet1/0/0
 Interface: GigabitEthernet1/0/1  NextHop: 10.1.12.2  MAC: 5489-98ba-3b49
 <--packets: 4 bytes: 336 --> packets: 4 bytes: 164
 10.1.11.1:2052 --> 10.1.12.2:2049 PolicyName: permit_ftp
 TCP State: close

 ftp  VPN: public --> public  ID: c487fb98c2bd7e81bda64e2a160
 Zone: untrust --> trust  TTL: 00:20:00  Left: 00:19:59
 Recv Interface: GigabitEthernet1/0/0
 Interface: GigabitEthernet1/0/1  NextHop: 10.1.12.2  MAC: 5489-98ba-3b49
 <--packets: 9 bytes: 678 --> packets: 10 bytes: 446
 10.1.11.1:2051 +-> 10.1.12.2:21 PolicyName: permit_ftp
 TCP State: established

[FW1]
```

图9-16　Client1访问FTP Server的FTP服务

由上面的结果可知，Client1已经成功访问FTP Server。但仔细观察会发现，FTP客户端与服务端建立的连接隔一段时间后会因老化而被清除，如图9-17所示。

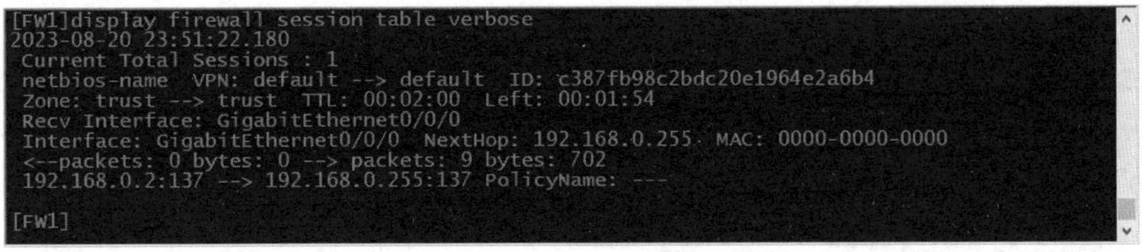

```
[FW1]display firewall session table verbose
2023-08-20 23:51:22.180
 Current Total Sessions : 1
 netbios-name  VPN: default --> default  ID: c387fb98c2bdc20e1964e2a6b4
 Zone: trust --> trust  TTL: 00:02:00  Left: 00:01:54
 Recv Interface: GigabitEthernet0/0/0
 Interface: GigabitEthernet0/0/0  NextHop: 192.168.0.255  MAC: 0000-0000-0000
 <--packets: 0 bytes: 0 --> packets: 9 bytes: 702
 192.168.0.2:137 --> 192.168.0.255:137 PolicyName: ---

[FW1]
```

图9-17　FTP的会话老化

技术要点

在FTP业务中，一条会话的两个连续报文可能间隔时间很长，例如，以下情况。

- 用户通过FTP下载大文件，需要间隔很长时间才会在控制通道继续发送控制报文。
- 用户需要查询数据库服务器上的数据，这些查询操作的时间间隔远大于TCP的会话老化时间。

针对上述现象，可以使用延长FTP业务的会话老化时间来解决这个问题。但如果只靠延长这些业务所属协议的老化时间来解决这个问题，会导致一些同样属于这个协议，但是其实并不需要这么长的老化时间的会话长时间不能得到老化。这会导致系统资源被大量占用，性能下降，甚至无法再为其他业务创建会话。所以，必须缩小延长老化时间的流量范围。

长连接功能可以解决这一问题，它可以为这些特殊流量设定超长的老化时间。目前，仅支持对TCP配置长连接。

步骤❸：配置会话表长连接。

（1）使用CLI命令行方式在防火墙FW1上配置长连接，配置命令如下。

```
[FW1]security-policy
[FW1-policy-security]rule name permit_ftp
[FW1-policy-security-rule-permit_ftp]long-link enable          // 启用长连接功能
[FW1-policy-security-rule-permit_ftp]long-link aging-time 0    // 设置长连接老化
                                                              // 时间为不老化
[FW1-policy-security-rule-permit_ftp]quit
[FW1-policy-security]quit
```

（2）使用Web界面方式配置长连接，如图9-18所示。

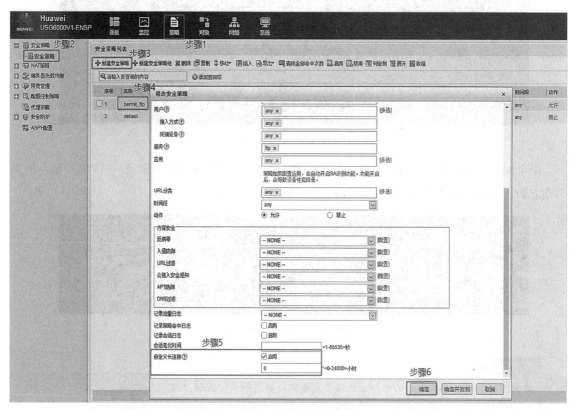

图9-18　Web界面方式配置长连接

（3）查看客户端访问服务端后的会话情况。

```
[FW1]display firewall session table verbose
2023 年 8 月 21 日 01:44:20.060
当前会话表总数 : 1
ftp  VPN: public --> public  ID: c387fb98c2bb2001ba64e2c15e
Zone: untrust --> trust  TTL: --:--:--  Left: --:--:--
Recv Interface: GigabitEthernet1/0/0
Interface: GigabitEthernet1/0/1  NextHop: 10.1.12.2  MAC: 5489-98ba-3b49
<--packets: 10 bytes: 718 --> packets: 10 bytes: 446
10.1.11.1:2053 +-> 10.1.12.2:21(LongLink) PolicyName: permit_ftp
TCP State: established
[FW1]
```

由上面的结果可知，防火墙FW1针对FTP访问的流量创建了长连接。无论经过多长时间，该会话表项都不会出现老化。

技术要点

> long-link aging-time interval命令用来配置基于策略的长连接时间。其中，参数interval用于设置长连接的老化时间，取值为整数形式，取值范围为0～24000，单位为小时。0表示不老化。缺省情况下，长连接的老化时间为168（7*24）小时。

9.4 实验命令汇总

通过前面的学习，我们了解了会话表的相关知识，接下来对实验中涉及的关键命令做一个总结，如表9-1所示。

表9-1　实验命令

命令	作用
reset firewall session table	清除防火墙会话表项
session aging-time	配置会话表老化时间
long-link enable	启用长连接功能
long-link aging-time	配置基于策略的长连接时间

9.5 本章知识小结

本章主要介绍了会话表的定义、作用和老化时间配置，并通过两个实验帮助读者掌握本章的内容和配置实现。实验一验证了会话表的老化现象,实验二通过配置会话表长连接演示了长连接的现象和作用。

9.6 典型真题

(1)[单选题]管理员希望清楚当前会话表,以下哪个命令是正确的?

A. Clear firewall session table

B. reset firewall session table

C. Display firewall session table

D. Display session table

(2)[单选题]VGMP组出现以下哪种情况时,不会主动向对端发送VGMP报文?

A. 双机热备功能启用

B. 手工切换防火墙主备状态

C. 防火墙业务接口故障

D. 会话表项变化

(3)[多选题]以下关于主备防火墙会话表的描述,正确的是哪些项?

A. 如果备份通道故障,主用防火墙的会话不能备份到备用防火墙

B. 如果关闭了会话自动备份功能,两台防火墙的会话表必然不一致

C. 在开启会话自动备份的情况下,到防火墙自身的会话不会备份

D. 在开启会话自动备份的情况下,会话可以实时备份

(4)[填空题]某工程师完成源NAT配置后,内网依旧无法访问外网,该工程师希望通过使用查询会话表的命令查询地址转换的详细信息,所以该工程师直接在用户视图下使用_____命令查询地址转换信息。

(5)[填空题]在防火墙的_____中能查看到流量的方向。

第10章
在防火墙中实现NAT

防火墙作为出口设备，常常承担着将内部私网IP地址转换成公网IP地址实现访问Internet的需求，NAT（Network Address Translation，网络地址转换）技术正是为此而生的。同时NAT也是减缓IPv4地址枯竭的一种过渡方案，通过地址复用的方法来满足IP地址的需求，在一定程度上缓解了IPv4地址空间枯竭的压力。

10.1 NAT 概述

NAT技术因其强大的功能，被广泛运用在网络中，本章将通过实验与理论相结合的方式，给大家介绍不同场景下的NAT配置。

1. NAT 的产生背景

随着网络设备的数量不断增长，用户对IPv4地址的需求也不断增加，导致可用的公网IPv4地址空间已经耗尽。解决IPv4地址枯竭问题的权宜之计是，分配可重复使用的各类私网地址段给企业内部或家庭使用。但是，由于私网地址不能直接访问Internet，所以NAT技术应运而生，为解决私网IP地址访问互联网做网络地址转换。

2. 防火墙 NAT 的实现原理

USG防火墙的NAT功能通过配置NAT策略实现。NAT策略由转换后地址（地址池地址或出接口地址）、匹配条件和动作三部分组成。

（1）地址池类型包括源地址池和目的地址池。根据NAT转换方式的不同，可以选择不同类型的地址池或出接口方式。

（2）匹配条件包括源/目的地址、源/目的安全区域、出接口、服务和时间段等。根据不同的需求配置不同的匹配条件，对匹配上条件的流量进行NAT转换。

（3）动作包括源地址转换或目的地址转换。无论是源地址转换还是目的地址转换，都可以对匹配上条件的流量选择NAT转换或不转换。

3. NAT 的分类

根据应用场景的不同，NAT可以分为以下三类。

（1）源NAT（Source NAT）：适用于用户通过私网地址访问Internet的场景。

（2）目的NAT（Destination NAT）：适用于用户通过公网地址访问私网服务器的场景。

（3）双向NAT（Bidirectional NAT）：适用于通信双方访问对方时目的地址都不是真实的地址，而是NAT转换后的地址的场景。

4. NAT 的优点与缺点

（1）NAT的优点。

①实现IP地址复用，节约宝贵的地址资源。

②有效避免来自外网的攻击，对内网用户提供隐私保护，可以很大程度上提高网络安全性。

（2）NAT的缺点。

①网络监控难度加大。

②限制某些具体应用。

5. 源NAT技术

（1）源NAT技术出现的背景：企业或家庭所使用的网络为私有网络，使用的是私网地址；运营商维护的网络为公共网络，使用的是公网地址。私网地址不能在公网中通信。多个用户共享少量公网地址访问Internet时，可以使用源NAT技术来实现。

（2）源NAT技术的特点：源NAT技术只对报文的源地址进行转换。

（3）源NAT技术可以分为NAT No-PAT、NAPT、Easy-IP和三元组NAT等。

①NAT No-PAT：NAT No-PAT（No-Port Address Translation，非端口地址转换）是一种只转换地址，不转换端口，实现私网地址与公网地址一对一的地址转换方式。NAT No-PAT无法提高公网地址利用率，适用于上网用户较少且公网地址数与同时上网的用户数量相同的场景。

②NAPT：NAPT（Network Address and Port Translation，网络地址端口转换）是一种同时转换地址和端口，实现多个私网地址共用一个或多个公网地址的地址转换方式。NAPT可以有效地提高公网地址利用率，适用于公网地址数量少，需要上网的私网用户数量大的场景。

③Easy-IP：实现原理与NAPT相同，同时转换IP地址和传输层端口，区别在于Easy-IP没有地址池的概念，使用出接口的公网IP地址作为NAT转换后的地址。Easy-IP适用于不具备固定公网IP地址的场景，如拨号上网（PPPoE）。

④三元组NAT：三元组NAT是一种转换时同时转换地址和端口，实现多个私网地址共用一个或多个公网地址的地址转换方式。三元组NAT允许Internet上的用户主动访问私网用户，如文件共享、语音通信和视频传输等。

6. 目的NAT技术

（1）目的NAT是指对报文中的目的地址和端口进行转换。通过目的NAT技术将公网IP地址转换成私网IP地址，使公网用户可以利用公网地址访问内部Server。

（2）当外网用户访问内部Server时，防火墙的处理过程如下。

①当外网用户访问内网Server的报文到达防火墙时，防火墙将报文的目的IP地址由公网地址转换为私网地址。

②当回程报文返回至防火墙时，防火墙再将报文的源地址由私网地址转换为公网地址。

③根据转换后的目的地址是否固定，目的NAT分为静态目的NAT和动态目的NAT。

7. 静态目的NAT

（1）静态目的NAT是一种转换报文目的IP地址的方式，且转换前后的地址存在一种固定的映射关系。

（2）通常情况下，出于安全的考虑，不允许外部网络主动访问内部网络。但在某些情况下，还是希望能够为外部网络访问内部网络提供一种途径。例如，公司需要将内部网络中的资源提供给外部网络中的客户和出差员工访问。

8. 动态目的NAT

（1）动态目的NAT是一种动态转换报文目的IP地址的方式，且转换前后的地址不存在一种固定的映射关系。

（2）通常情况下，静态目的NAT可以满足大部分目的地址转换的场景。但在某些情况下，希望转换后的地址不固定。例如，移动终端通过转换目的地址访问无线网络。

10.2 实验一：源NAT No-PAT实验

本实验拓扑由USG6000V系列防火墙、AR1220路由器和测试终端组成，通过在防火墙FW1上配置源NAT No-PAT，实现内网终端Client1访问外网服务器Server1。本实验采用CLI命令行方式进行配置。

1. 实验目标

（1）掌握CLI命令行方式配置防火墙源NAT。

（2）掌握源NAT的实现原理。

（3）掌握防火墙源NAT场景下的故障定位和排除。

2. 实验拓扑

接下来，我们通过eNSP实现防火墙源NAT No-PAT的实验配置，实验拓扑如图10-1所示。

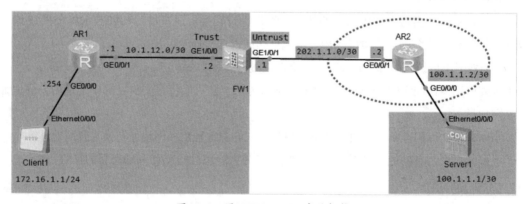

图10-1　源NAT No-PAT实验拓扑

3. 实验步骤

步骤❶：配置IP地址及初始化设置。

（1）配置设备AR1的IP地址，配置命令如下。

```
<Huawei>system-view
Enter system view, return user view with Ctrl+Z.
```

```
[Huawei]sysname AR1
[AR1]interface GigabitEthernet 0/0/0
[AR1-GigabitEthernet0/0/0]ip address 172.16.1.254 24
[AR1-GigabitEthernet0/0/0]interface GigabitEthernet 0/0/1
[AR1-GigabitEthernet0/0/1]ip address 10.1.12.1 30
[AR1-GigabitEthernet0/0/1]quit
```

（2）配置设备 AR2 的 IP 地址，配置命令如下。

```
<Huawei>system-view
Enter system view, return user view with Ctrl+Z.
[Huawei]sysname AR2
[AR2-ui-console0]interface GigabitEthernet 0/0/0
[AR2-GigabitEthernet0/0/0]ip address 100.1.1.2 30
[AR2-GigabitEthernet0/0/0]interface GigabitEthernet 0/0/1
[AR2-GigabitEthernet0/0/1]ip address 202.1.1.2 30
[AR2-GigabitEthernet0/0/1]quit
```

（3）配置 FW1 的 IP 地址和划分安全区域，配置命令如下。

```
<USG6000V1>system-view
Enter system view, return user view with Ctrl+Z.
[USG6000V1]sysname FW1
[FW1]interface GigabitEthernet 1/0/0
[FW1-GigabitEthernet1/0/0]ip address 10.1.12.2 30
[FW1-GigabitEthernet1/0/0]quit
[FW1]interface GigabitEthernet 1/0/1
[FW1-GigabitEthernet1/0/1]ip address 202.1.1.1 30
[FW1-GigabitEthernet1/0/1]quit
[FW1]firewall zone trust
[FW1-zone-trust]add interface GigabitEthernet 1/0/0
[FW1-zone-trust]quit
[FW1]firewall zone untrust
[FW1-zone-untrust]add interface GigabitEthernet 1/0/1
[FW1-zone-untrust]quit
[FW1]security-policy
[FW1-policy-security]default action permit    // 防火墙策略放行所有, 便于测试
Warning:Setting the default packet filtering to permit poses security risks.
You are advised to configure the security policy based on the actual data
flows. Are you sure you want to continue?[Y/N]y
[FW1-policy-security]quit
```

（4）配置 Client1 的 IP 地址，如图 10-2 所示。

（5）配置 Server1 的 IP 地址，如图 10-3 所示。

图 10-2 配置 Client1 的 IP 地址

图 10-3 配置 Server1 的 IP 地址

步骤❷：配置OSPF协议，实现内网路由可达。

（1）配置设备AR1的OSPF协议，配置命令如下。

```
[AR1]ospf 1
[AR1-ospf-1]area 0
[AR1-ospf-1-area-0.0.0.0]network 10.1.12.1 0.0.0.0        // 通告网段
[AR1-ospf-1-area-0.0.0.0]network 172.16.1.254 0.0.0.0   // 通告网段
[AR1-ospf-1-area-0.0.0.0]quit
[AR1-ospf-1]quit
```

（2）配置防火墙FW1的OSPF协议，配置命令如下。

```
[FW1]ospf 1
[FW1-ospf-1]default-route-advertise always    // 强制在 OSPF 协议中下发默认路由
[FW1-ospf-1]area 0
[FW1-ospf-1-area-0.0.0.0]network 10.1.12.2 0.0.0.0
[FW1-ospf-1-area-0.0.0.0]quit
[FW1-ospf-1]quit
[FW1]ip route-static 0.0.0.0 0 202.1.1.2
[FW1]interface GigabitEthernet 1/0/0
[FW1-GigabitEthernet1/0/0]service-manage all permit
[FW1-GigabitEthernet1/0/0]quit
[FW1]interface GigabitEthernet 1/0/1
[FW1-GigabitEthernet1/0/1]service-manage all permit
[FW1-GigabitEthernet1/0/1]quit
```

配置完成后，在AR1和FW1上查看OSPF邻居建立情况和路由学习情况，结果如图10-4、图10-5和图10-6所示。

```
[AR1]display ospf peer brief
        OSPF Process 1 with Router ID 172.16.1.254
                Peer Statistic Information
----------------------------------------------------------------------
Area Id          Interface                  Neighbor id       State
0.0.0.0          GigabitEthernet0/0/1       10.1.12.2         Full
----------------------------------------------------------------------
[AR1]
```

图 10-4　查看 AR1 的 OSPF 邻居

```
[FW1]display ospf peer brief
2023-08-22 00:19:07.380
        OSPF Process 1 with Router ID 10.1.12.2
                Peer Statistic Information
----------------------------------------------------------------------
Area Id          Interface                  Neighbor id       State
0.0.0.0          GigabitEthernet1/0/0       172.16.1.254      Full
----------------------------------------------------------------------
Total Peer(s):       1
[FW1]
```

图 10-5　查看 FW1 的 OSPF 邻居

```
[AR1]display ip routing-table protocol ospf
Route Flags: R - relay, D - download to fib
------------------------------------------------------------------------
Public routing table : OSPF
        Destinations : 1          Routes : 1

OSPF routing table status : <Active>
        Destinations : 1          Routes : 1

Destination/Mask    Proto    Pre  Cost    Flags NextHop         Interface

        0.0.0.0/0   O_ASE    150  1         D   10.1.12.2       GigabitEthernet0/0/1

OSPF routing table status : <Inactive>
        Destinations : 0          Routes : 0

[AR1]
```

图 10-6　查看 AR1 的 OSPF 路由

　　由上面的结果可知，AR1 与 FW1 之间的 OSPF 邻居建立成功，且 AR1 已收到 FW1 在 OSPF 协议中下发的默认路由。

　　步骤❸：配置源 NAT No-PAT，实现内网终端可以访问外网 Server1。

　　（1）定义 NAT 地址池，配置命令如下。

```
[FW1]nat address-group ceshi1
[FW1-address-group-ceshi1]mode no-pat global
[FW1-address-group-ceshi1]section 0 202.1.1.3 202.1.1.5
[FW1-address-group-ceshi1]quit
```

　　（2）在防火墙 FW1 上配置 NAT 策略，配置命令如下。

```
[FW1]nat-policy
[FW1-policy-nat]rule name To_Untrust    // 定义 NAT 策略名称
[FW1-policy-nat-rule-To_Untrust]source-zone trust              // 配置源安全区域
[FW1-policy-nat-rule-To_Untrust]destination-zone untrust       // 配置目的安全区域
[FW1-policy-nat-rule-To_Untrust]source-address 172.16.1.1 32   // 配置源地址为
                                                               // Client1 IP 地址
```

```
[FW1-policy-nat-rule-To_Untrust]destination-address 100.1.1.1 32 // 配置目的地址
[FW1-policy-nat-rule-To_Untrust]service icmp
[FW1-policy-nat-rule-To_Untrust]action source-nat address-group ceshi1
                                          // 与地址池关联后进行源 NAT 转换
[FW1-policy-nat-rule-To_Untrust]quit
[FW1-policy-nat]quit
```

步骤❹：测试NAT转换情况。

（1）在Client1上ping测试Server1的IP地址100.1.1.1/30，测试结果如图10-7所示。

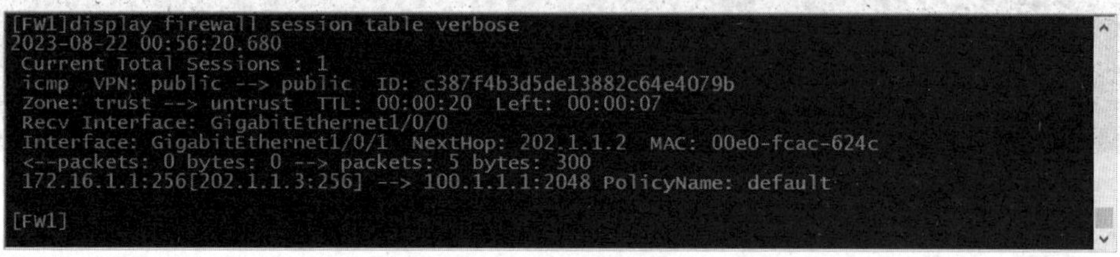

```
[FW1]display firewall session table verbose
2023-08-22 00:56:20.680
 Current Total Sessions : 1
 icmp  VPN: public --> public  ID: c387f4b3d5de13882c64e4079b
 Zone: trust --> untrust  TTL: 00:00:20  Left: 00:00:07
 Recv Interface: GigabitEthernet1/0/0
 Interface: GigabitEthernet1/0/1  NextHop: 202.1.1.2  MAC: 00e0-fcac-624c
 <--packets: 0 bytes: 0 --> packets: 5 bytes: 300
 172.16.1.1:256[202.1.1.3:256] --> 100.1.1.1:2048 PolicyName: default

[FW1]
```

图10-7　查看FW1的NAT转换情况

（2）在Server1上ping测试IP地址202.1.1.3，测试结果如图10-8和图10-9所示。

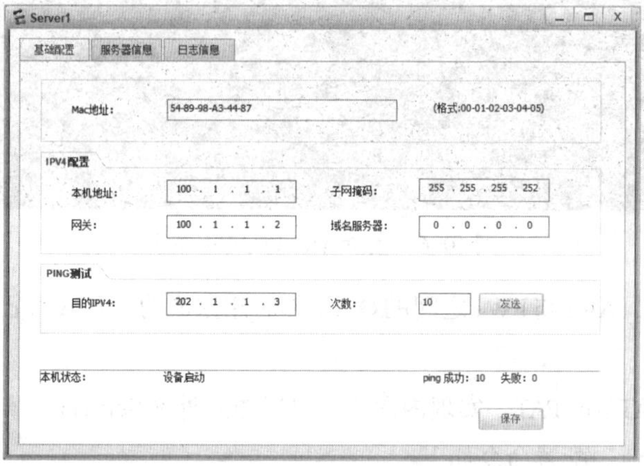

图10-8　ping测试IP地址202.1.1.3

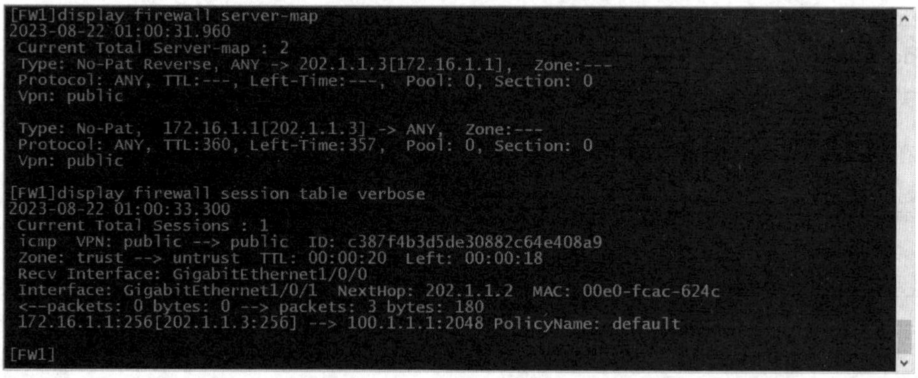

```
[FW1]display firewall server-map
2023-08-22 01:00:31.960
 Current Total Server-map : 2
 Type: No-Pat Reverse, ANY -> 202.1.1.3[172.16.1.1],  Zone:---
 Protocol: ANY, TTL:---, Left-Time:---,  Pool: 0, Section: 0
 Vpn: public

 Type: No-Pat,  172.16.1.1[202.1.1.3] -> ANY,  Zone:---
 Protocol: ANY, TTL:360, Left-Time:357,  Pool: 0, Section: 0
 Vpn: public

[FW1]display firewall session table verbose
2023-08-22 01:00:33.300
 Current Total Sessions : 1
 icmp  VPN: public --> public  ID: c387f4b3d5de30882c64e408a9
 Zone: trust --> untrust  TTL: 00:00:20  Left: 00:00:18
 Recv Interface: GigabitEthernet1/0/0
 Interface: GigabitEthernet1/0/1  NextHop: 202.1.1.2  MAC: 00e0-fcac-624c
 <--packets: 0 bytes: 0 --> packets: 3 bytes: 180
 172.16.1.1:256[202.1.1.3:256] --> 100.1.1.1:2048 PolicyName: default

[FW1]
```

图10-9　查看防火墙表项

由上面的结果可知，通过防火墙Server-map和会话表项，Client1成功访问Server1，说明实验成功。

10.3 实验二：NAPT和Easy-IP实验

本实验拓扑由USG6000V系列防火墙、AR1220路由器和测试终端组成，通过在防火墙FW1上配置源NAPT和Easy-IP，实现内网终端Client1和Client2访问外网服务器Server1。本实验采用CLI命令行方式进行配置。

1. 实验目标

（1）掌握CLI命令行方式配置防火墙源NAPT和Easy-IP。

（2）掌握源NAPT和Easy-IP的实现原理。

（3）掌握防火墙源NAPT和Easy-IP的区别。

2. 实验拓扑

接下来，我们通过eNSP实现防火墙源NAPT和Easy-IP的实验配置，实验拓扑如图10-10所示。

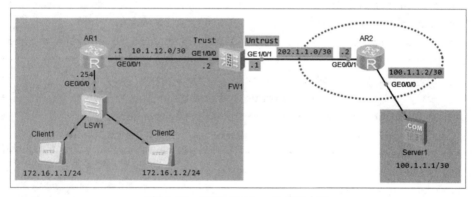

图 10-10　NAPT和Easy-IP实验拓扑

3. 实验步骤

步骤❶：配置IP地址及初始化设置。

（1）配置设备AR1的IP地址，配置命令如下。

```
<Huawei>system-view
Enter system view, return user view with Ctrl+Z.
[Huawei]sysname AR1
[AR1]interface GigabitEthernet 0/0/0
[AR1-GigabitEthernet0/0/0]ip address 172.16.1.254 24
[AR1-GigabitEthernet0/0/0]quit
```

```
[AR1]interface GigabitEthernet 0/0/1
[AR1-GigabitEthernet0/0/1]ip address 10.1.12.1 30
[AR1-GigabitEthernet0/0/1]quit
```

（2）配置设备AR2的IP地址，配置命令如下。

```
<Huawei>system-view
[Huawei]sysname AR2
[AR2]interface GigabitEthernet 0/0/0
[AR2-GigabitEthernet0/0/0]ip address 100.1.1.2 30
[AR2-GigabitEthernet0/0/0]quit
[AR2]interface GigabitEthernet 0/0/1
[AR2-GigabitEthernet0/0/1]ip address 202.1.1.2 30
[AR2-GigabitEthernet0/0/1]quit
```

（3）配置防火墙FW1的IP地址、划分安全区域和配置安全策略，配置命令如下。

```
Username:admin
Password:
The password needs to be changed. Change now? [Y/N]: y
Please enter old password:
Please enter new password:
Please confirm new password:
 Info: Your password has been changed. Save the change to survive a reboot.
***********************************************************************
*         Copyright (C) 2014-2018 Huawei Technologies Co., Ltd.       *
*                       All rights reserved.                          *
*               Without the owner's prior written consent,            *
*           no decompiling or reverse-engineering shall be allowed.   *
***********************************************************************
[USG6000V1]sysname FW1
[FW1]interface GigabitEthernet 1/0/0
[FW1-GigabitEthernet1/0/0]ip address 10.1.12.2 30
[FW1-GigabitEthernet1/0/0]quit
[FW1]interface GigabitEthernet 1/0/1
[FW1-GigabitEthernet1/0/1]ip address 202.1.1.1 30
[FW1-GigabitEthernet1/0/0]service-manage all permit
[FW1-GigabitEthernet1/0/1]quit
[FW1]firewall zone trust
[FW1-zone-trust]add interface GigabitEthernet 1/0/0
[FW1-zone-trust]firewall zone untrust
[FW1-zone-untrust]add interface GigabitEthernet 1/0/1
[FW1-GigabitEthernet1/0/1]service-manage all permit
[FW1-zone-untrust]security-policy
```

```
[FW1-policy-security]default action permit
Warning:Setting the default packet filtering to permit poses security risks.
You are advised to configure the security policy based on the actual data
flows. Are you sure you want to continue?[Y/N]y
[FW1-policy-security]quit
```

（4）配置终端Client1和Client2的IP地址，如图10-11和图10-12所示。

（5）配置Server1的IP地址，如图10-13所示。

图 10-11　配置终端Client1的IP地址　　　　图 10-12　配置终端Client2的IP地址

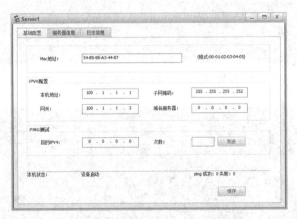

图 10-13　配置 Server1 的 IP 地址

步骤 ❷：配置OSPF协议，实现路由可达。

（1）配置设备AR1的OSPF协议，配置命令如下。

```
[AR1]ospf 1
[AR1-ospf-1]area 0
[AR1-ospf-1-area-0.0.0.0]network 10.1.12.1 0.0.0.0
[AR1-ospf-1-area-0.0.0.0]network 172.16.1.254 0.0.0.0
[AR1-ospf-1-area-0.0.0.0]quit
[AR1-ospf-1]quit
```

（2）配置防火墙FW1的OSPF协议，配置命令如下。

```
[FW1]ospf 1
[FW1-ospf-1]default-route-advertise always    // 在OSPF协议中强制下发默认路由
[FW1-ospf-1]area 0
[FW1-ospf-1-area-0.0.0.0]network 10.1.12.2 0.0.0.0
[FW1-ospf-1-area-0.0.0.0]quit
[FW1-ospf-1]quit
[FW1]ip route-static 0.0.0.0 0 202.1.1.2        // 配置默认路由
```

配置完成后，检查AR1和FW1之间的OSPF邻居建立情况及AR1的路由学习情况，如图10-14、图10-15和图10-16所示。

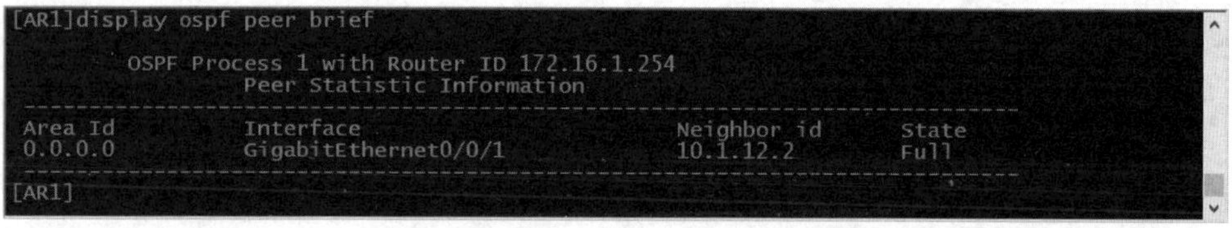

图 10-14   在AR1上检查OSPF邻居

图 10-15   在FW1上检查OSPF邻居

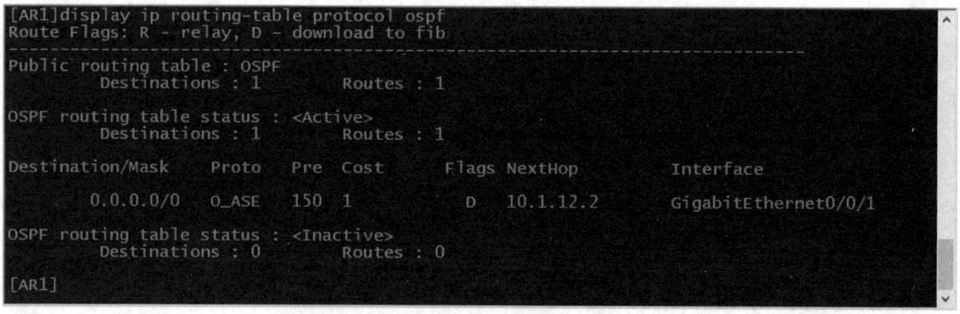

图 10-16   在AR1上检查OSPF路由

由上面的结果可知，AR1与FW1之间的OSPF邻居建立成功，且AR1已经从FW1上学习到一条默认路由。

步骤❸：配置NAPT。

（1）定义NAT地址池，配置命令如下。

```
[FW1-policy-security]q
```

```
[FW1]nat address-group ceshi1
[FW1-address-group-ceshi1]section 0 202.1.1.8 202.1.1.8 // 定义地址池可用 IP 地址
[FW1-address-group-ceshi1]quit
```

（2）定义 NAT 策略，配置命令如下。

```
[FW1]nat-policy
[FW1-policy-nat]rule name To_Untrust
[FW1-policy-nat-rule-To_Untrust]source-zone trust
[FW1-policy-nat-rule-To_Untrust]destination-zone untrust
[FW1-policy-nat-rule-To_Untrust]source-address range 172.16.1.1 172.16.1.10
[FW1-policy-nat-rule-To_Untrust]action source-nat address-group ceshi1
[FW1-policy-nat-rule-To_Untrust]quit
[FW1-policy-nat]quit
```

（3）在 AR2 上配置到 NAT 地址池地址的静态路由（通常需要联系 ISP 的网络管理员来配置此静态路由），配置命令如下。

```
[AR2]ip route-static 202.1.1.8 32 202.1.1.1
```

（4）测试 Client1 访问 Server1，并在 FW1 上查看 NAT 会话信息，结果如图 10-17 和图 10-18 所示。

图 10-17　Client1 访问 Server1

```
[FW1]display firewall session table
2023-08-22 06:48:06.720
 Current Total Sessions : 1
 icmp  VPN: public --> public  172.16.1.1:256[202.1.1.8:2050] --> 100.1.1.1:2048
[FW1]display firewall session table verbose
2023-08-22 06:48:08.580
 Current Total Sessions : 1
 icmp  VPN: public --> public  ID: c387f8471ca422082c64e45a1d
 Zone: trust --> untrust  TTL: 00:00:20  Left: 00:00:11
 Recv Interface: GigabitEthernet1/0/0
 Interface: GigabitEthernet1/0/1  NextHop: 202.1.1.2  MAC: 00e0-fcac-624c
 <--packets: 20 bytes: 1,200  --> packets: 20 bytes: 1,200
 172.16.1.1:256[202.1.1.8:2050] --> 100.1.1.1:2048 PolicyName: default

[FW1]
```

图 10-18　FW1 查看 NAT 会话

由上面的结果可知，内网设备Client1可以访问外网服务器Server1，且在防火墙FW1上存在该访问的会话表项，说明配置正确。

源NAT的注意事项如下。

①边界防火墙地址池配置的公网IP与公网接口在一个网段，如果外网节点频繁访问防火墙上地址池中的公网IP，就会触发大量的ARP解析报文，造成资源占用。可以引入UNR路由，类似黑洞路由，把访问地址池中公网IP的数据本地终结。配置命令如下，配置完成后的效果如图10-19所示。

```
[FW1-address-group-ceshi1]route enable
```

```
[FW1]display ip routing-table | include 202.1.1.8
2023-05-27 14:49:50.620
Route Flags: R - relay, D - download to fib
--------------------------------------------------------------
Routing Tables: Public
         Destinations : 9        Routes : 9

Destination/Mask    Proto   Pre  Cost       Flags NextHop        Interface

   202.1.1.8/32     Unr     61   0            D   127.0.0.1      InLoopBack0
```

图10-19　配置完成后的效果

现象：针对防火墙地址池中的公网地址202.1.1.8不再生成ARP请求。

②边界防火墙地址池配置的公网IP与公网接口不在一个网段，如果外网节点访问防火墙上地址池中的公网IP，就会导致三层环路，消耗设备、链路资源。可以配置UNR路由生成功能，用本地终结方式，防止环路的发生。参考配置命令如下。

```
[FW1-address-group-ceshi1]undo route enable
[FW1-address-group-ceshi1]undo section 0
[FW1-address-group-ceshi1]section 3.3.3.3

[AR2]ip route-static 3.3.3.3 32 202.1.1.1
```

步骤❹：配置Easy-IP。因为NAPT和Easy-IP的配置非常相似，所以我们选择在本实验的基础上进行配置。

（1）修改原有配置，配置命令如下。

```
[FW1]nat-policy
[FW1-policy-nat] rule name To_Untrust
[FW1-policy-nat-rule-To_Untrust]undo destination-zone untrust
[FW1-policy-nat-rule-To_Untrust]egress-interface GigabitEthernet 1/0/1
                                              // 指定出接口为GE1/0/1
[FW1-policy-nat-rule-To_Untrust]undo source-address range 172.16.1.1
172.16.1.10
[FW1-policy-nat-rule-To_Untrust]source-address 172.16.1.0 mask 255.255.255.0
[FW1-policy-nat-rule-To_Untrust]destination-address 100.1.1.0 mask 255.255.255.252
[FW1-policy-nat-rule-To_Untrust]service icmp
```

```
[FW1-policy-nat-rule-To_Untrust]action source-nat easy-ip // 使用 Easy-IP 进行转换
[FW1-policy-nat-rule-To_Untrust]quit
[FW1-policy-nat]quit
```

> **注意**
>
> 在 nat-policy 中输入 egress-interface GigabitEthernet 1/0/1 后，目标安全区域就不存在了（因为已经暗含了出接口是目的安全区域）。

（2）测试 Client1 访问 Server1，测试结果如图 10-20 和图 10-21 所示。

图 10-20　Client1 访问 Server1

```
[FW1]display firewall session table
2023-08-22 08:47:07.190
 Current Total Sessions : 1
 icmp  VPN: public --> public  172.16.1.1:256[202.1.1.1:2049] --> 100.1.1.1:2048
[FW1]
[FW1]display firewall session table verbose
2023-08-22 08:47:10.890
 Current Total Sessions : 1
 icmp  VPN: public --> public  ID: c387f8471ca43f082c64e475fd
 Zone: trust --> untrust  TTL: 00:00:20  Left: 00:00:02
 Recv Interface: GigabitEthernet1/0/0
 Interface: GigabitEthernet1/0/1  NextHop: 202.1.1.2  MAC: 00e0-fcac-624c
 <--packets: 10 bytes: 600 --> packets: 10 bytes: 600
 172.16.1.1:256[202.1.1.1:2049] --> 100.1.1.1:2048 PolicyName: default

[FW1]
```

图 10-21　查看 FW1 会话表项

由上面的结果可知，Client1 通过 Easy-IP 成功访问到外网 Server1 的 100.1.1.1/30，且防火墙存在对应的表项，说明配置正确，实验成功。

> **技术要点**
>
> 通过上面的实验配置，可以得知在源 NAT 中，NAPT 和 Easy-IP 的区别如下。
> ● NAPT 需要配置额外的 NAT 地址池，且进行 NAT 转换时，转换的地址不是 NAT 设备出接口的 IP 地址。
> ● Easy-IP 不需要配置额外的 NAT 地址池，且进行 NAT 转换时，转换的地址是 NAT 设备出接口的 IP 地址，适合接口 IP 地址不固定的场景（如 PPPoE 获取 IP 地址），可以节约公网地址，更适合现网环境。

10.4 实验三: NAT Server实验

本实验拓扑由USG6000V系列防火墙、AR1220路由器、S3700交换机和测试终端组成,通过在防火墙FW1上配置NAT Server,实现外网终端Client1访问内网服务器Web Server和FTP Server。本实验采用CLI命令行方式进行配置。

1. 实验目标

(1)掌握CLI命令行方式配置防火墙NAT Server。

(2)掌握源NAT Server的实现原理。

(3)掌握防火墙NAT Server的适用场景。

2. 实验拓扑

接下来,我们通过eNSP实现防火墙源NAT Server的实验配置,实验拓扑如图10-22所示,其中设备LSW1在本实验中作为二层交换机使用,不需要进行配置。

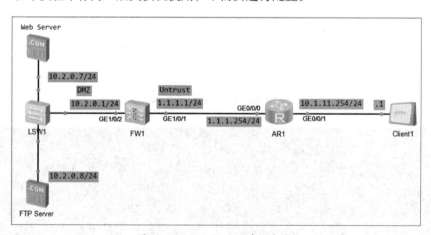

图10-22 NAT Server实验拓扑

3. 实验步骤

步骤❶: 配置IP地址及初始化设置。

(1)配置设备AR1的IP地址,配置命令如下。

```
<Huawei>system-view
Enter system view, return user view with Ctrl+Z.
[Huawei]sysname AR1
[AR1]interface GigabitEthernet 0/0/0
[AR1-GigabitEthernet0/0/0]ip address 1.1.1.254 255.255.255.0
[AR1-GigabitEthernet0/0/0]quit
[AR1]interface GigabitEthernet 0/0/1
[AR1-GigabitEthernet0/0/1]ip address 10.1.11.254 255.255.255.0
```

```
[AR1-GigabitEthernet0/0/1]quit
```

（2）配置防火墙FW1的IP地址和划分安全区域，配置命令如下。

```
Username:admin
Password:
The password needs to be changed. Change now? [Y/N]: y
Please enter old password:
Please enter new password:
Please confirm new password:
 Info: Your password has been changed. Save the change to survive a reboot.
*******************************************************************
*          Copyright (C) 2014-2018 Huawei Technologies Co., Ltd.  *
*                    All rights reserved.                          *
*             Without the owner's prior written consent,          *
*         no decompiling or reverse-engineering shall be allowed.  *
*******************************************************************
<USG6000V1>system-view
[USG6000V1]sysname FW1
[FW1]interface GigabitEthernet 1/0/2
[FW1-GigabitEthernet1/0/2]ip address 10.2.0.1 255.255.255.0
[FW1-GigabitEthernet1/0/2]quit
[FW1]interface GigabitEthernet 1/0/1
[FW1-GigabitEthernet1/0/1]ip address 1.1.1.1 255.255.255.0
[FW1-GigabitEthernet1/0/1]quit
[FW1]firewall zone dmz
[FW1-zone-dmz]add interface GigabitEthernet 1/0/2
[FW1-zone-dmz]quit
[FW1]firewall zone untrust
[FW1-zone-untrust]add interface GigabitEthernet 1/0/1
[FW1-zone-untrust]quit
```

（3）配置终端Client1的IP地址，如
图10-23所示。

（4）配置Web Server的IP地址并开启HTTP
服务，如图10-24和图10-25所示。

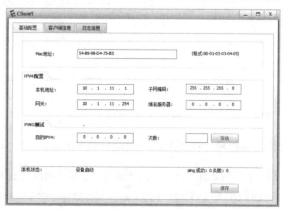

图 10-23　配置终端 Client1 的 IP 地址

图 10-24　配置 Web Server 的 IP 地址

图 10-25　开启 HTTP 服务

（5）配置 FTP Server 的 IP 地址并开启 FTP 服务，如图 10-26 和图 10-27 所示。

图 10-26　配置 FTP Server 的 IP 地址

图 10-27　开启 FTP 服务

步骤❷：在防火墙 FW1 上配置安全策略，允许外部网络用户访问内部服务器。

```
[FW1]security-policy
[FW1-policy-security]rule name untrust_to_dmz
[FW1-policy-security-rule-untrust_to_dmz]source-zone untrust
[FW1-policy-security-rule-untrust_to_dmz]destination-zone dmz
[FW1-policy-security-rule-untrust_to_dmz]destination-address 10.2.0.0 mask
255.255.255.0
[FW1-policy-security-rule-untrust_to_dmz]action permit
[FW1-policy-security-rule-untrust_to_dmz]quit
[FW1-policy-security]quit
```

步骤❸：在防火墙上配置 NAT Server。

```
// 将公网地址 1.1.1.10 的 8080 端口与内网地址 10.2.0.7 的 80 端口进行映射
[FW1]nat server policy_web protocol tcp global 1.1.1.10 8080 inside 10.2.0.7
www unr-route
```

```
// 将公网地址 1.1.1.10 的 FTP 服务与内网地址 10.2.0.8 的 FTP 服务进行映射
[FW1]nat server policy_ftp protocol tcp global 1.1.1.10 ftp inside 10.2.0.8
ftp unr-route
```

技术要点

- 当 NAT Server 的 global 地址与公网接口地址不在同一网段时，必须配置黑洞路由。
- 当 NAT Server 的 global 地址与公网接口地址在同一网段时，建议配置黑洞路由。
- 当 NAT Server 的 global 地址与公网接口地址一致时，不会产生路由环路，不需要配置黑洞路由。

步骤❹：在防火墙上开启 NAT ALG 功能。

```
[FW1]firewall interzone dmz untrust        // 创建安全域间，并进入安全域间视图
[FW1-interzone-dmz-untrust]detect ftp    // 配置域间 ASPF/ALG 功能
[FW1-interzone-dmz-untrust]quit
```

步骤❺：配置缺省路由和静态路由。

（1）在 FW1 上配置缺省路由，使内网服务器对外提供的服务流量可以正常转发至 ISP 的路由器。

```
[FW1]ip route-static 0.0.0.0 0 1.1.1.254
```

（2）在 AR1 上配置静态路由。

```
[AR1]ip route-static 1.1.1.10 32 1.1.1.1
```

技术要点

在路由器上配置到服务器映射的公网地址（1.1.1.10）的静态路由，下一跳为 1.1.1.1，使得去服务器的流量能够送往 FW1。通常需要联系 ISP 的网络管理员来配置此静态路由。

步骤❻：测试外网终端 Client1 访问内网服务器。

（1）在 Client1 上分别访问 Web Server 和 FTP Server 的 HTTP 服务和 FTP 服务，如图 10-28 和图 10-29 所示。

图 10-28　Client1 访问 Web Server 的 HTTP 服务　　　图 10-29　Client1 访问 FTP Server 的 FTP 服务

（2）在防火墙FW1上查看HTTP和FTP会话信息，如图10-30和图10-31所示。

```
[FW1]display firewall session table
2023-08-22 14:09:52.950
 Current Total Sessions : 1
 http  VPN: public --> public   10.1.11.1:2051 --> 1.1.1.10:8080[10.2.0.7:80]
[FW1]
[FW1]display firewall session table verbose
2023-08-22 14:09:56.500
 Current Total Sessions : 1
 http  VPN: public --> public  ID: c387f84daae71381c064e4c1ac
 Zone: untrust --> dmz  TTL: 00:00:10  Left: 00:00:03
 Recv Interface: GigabitEthernet1/0/1
 Interface: GigabitEthernet1/0/2  NextHop: 10.2.0.7  MAC: 5489-98bf-443f
 <--packets: 5 bytes: 511 --> packets: 6 bytes: 398
 10.1.11.1:2051 --> 1.1.1.10:8080[10.2.0.7:80] PolicyName: untrust_to_dmz
 TCP State: close

[FW1]
```

图10-30　在FW1上查看HTTP会话信息

```
[FW1]display firewall session table
2023-08-22 14:11:35.500
 Current Total Sessions : 1
 ftp  VPN: public --> public   10.1.11.1:2052 +-> 1.1.1.10:21[10.2.0.8:21]
[FW1]
[FW1]display firewall session table verbose
2023-08-22 14:11:37.510
 Current Total Sessions : 1
 ftp  VPN: public --> public  ID: c487f84daae72202e6564e4c204
 Zone: untrust --> dmz  TTL: 00:20:00  Left: 00:19:54
 Recv Interface: GigabitEthernet1/0/1
 Interface: GigabitEthernet1/0/2  NextHop: 10.2.0.8  MAC: 5489-980d-3353
 <--packets: 9 bytes: 677 --> packets: 11 bytes: 490
 10.1.11.1:2052 +-> 1.1.1.10:21[10.2.0.8:21] PolicyName: untrust_to_dmz
 TCP State: established

[FW1]
```

图10-31　在FW1上查看FTP会话信息

由上面的结果可知，外网终端Client1已经成功访问内网的Web Server和FTP Server，且防火墙FW1存在对应的会话表项，说明实验配置成功。

10.5　实验命令汇总

通过前面的学习，我们了解了在防火墙中实现NAT的相关知识，接下来对实验中涉及的关键命令做一个总结，如表10-1所示。

表10-1　实验命令

命令	作用
default-route-advertise always	强制在OSPF协议中下发默认路由
nat address-group	配置地址池
nat-policy	配置NAT策略
action source-nat address-group	与地址池关联后进行源NAT转换
display firewall server-map	查看防火墙Server-map表项

续表

命令	作用
ip route-static	配置静态（默认）路由
egress-interface	配置 NAT 策略规则的出接口
nat server	配置 NAT Server
firewall interzone dmz untrust	创建安全域间，并进入安全域间视图
detect（安全域间视图）	配置域间 ASPF/ALG 功能

10.6 本章知识小结

本章重点介绍了 NAT 技术，包含源 NAT No-PAT、NAPT、Easy-IP 和 NAT Server 等具体的实验配置方法，结合实验配置的现象，可以帮助读者掌握 NAT 技术。

10.7 典型真题

（1）[单选题]在 USG 系列防火墙上配置 NAT Server 时，会产生 Server-map 表，以下哪项不属于该表项中的内容？

A. 目的 IP   B. 目的端口号   C. 协议号   D. 源 IP

（2）[单选题]在某些场景下，既要对源 IP 地址进行转换，又要对目的 IP 地址进行转换，该场景使用以下哪项技术？

A. 双向 NAT   B. 源 NAT   C. NAT Server   D. NAT ALG

（3）[单选题]以下哪项配置能实现 NAT ALG 功能？

A. nat alg protocol   B. alg protocol   C. nat protocol   D. detect protocol

（4）[单选题]关于 NAT 地址转换，以下哪项说法是错误的？

A. 在源 NAT 技术中，配置 NAT 地址池可以在地址池中只配置一个 IP 地址

B. 地址转换可以根据用户的需求，在局域网内向外提供 FTP、WWW、Telnet 等服务

C. 有些应用层协议在数据中携带 IP 地址信息，对它们做 NAT 时还要修改上层数据中的 IP 地址信息

D. 对于某些非 TCP、UDP 的协议（比如 ICMP、PPTP），无法做 NAT 转换

（5）[单选题]关于 NAT 配置的说法，以下哪项是错误的？

A. 在透明模式下配置源 NAT 防火墙不支持 Easy-IP 方式

B. 地址池中的 IP 地址可以与 NAT Server 的公网 IP 地址重叠

C. 网络中有 VoIP 业务时，不需要配置 NAT ALG

D. 防火墙不支持对 ESP 和 AH 报文进行 NAPT 转换

（6）[单选题]在 USG 系列防火墙中，可以通过以下哪个命令查询 NAT 转换结果？

A. display nat translation

B. display firewall session table

C. display current nat

D. display firewall nat translation

（7）[单选题]关于 NAT 技术，以下哪项描述是错误的？

A. 在华为防火墙中，源 NAT 技术是指对发起连接的 IP 报文头中的源地址进行转换

B. 在华为防火墙中，Easy-IP 直接使用接口的公网地址作为转换后的地址，不需要配置 NAT 地址池

C. 在华为防火墙中，NAT No-PAT 技术需要通过配置 NAT 地址池来实现

D. 在华为防火墙中，带端口转换的 NAT 技术只有 NAP

（8）[单选题]以下哪个 NAT 技术属于目的 NAT 技术？

A. Easy-IP   B. NAT No-PAT   C. NAPT   D. NAT Server

（9）[判断题]NAT 技术可以通过对数据加密来实现数据安全传输。

A. 正确   B. 错误

（10）[判断题]因为 NAT 技术可以实现一对多的地址转换，所以有了 NAT 技术后，再也不用担心 IPv4 地址不够用的问题。

A. 正确   B. 错误

（11）[单选题]关于 NAT 地址池的配置命令如下：nat address-group 1 section 0 202.202.168.10 202.202.168.20 mode no-pat。其中，no-pat 参数的含义是？

A. 不做地址转换   B. 进行端口复用   C. 不转换源端口   D. 转换目的端口

（12）[单选题]以下哪项技术可以在实现隐藏私网内部网络的同时，还能防止外部针对内部服务器的攻击？

A. IP 欺骗   B. NAT   C. VRRP   D. 地址过滤

（13）[单选题]某小型企业只有一个公网地址，管理员通过使用 NAT 接入 Internet，以下哪项 NAT 方式最适合该公司需求？

A. Easy-IP   B. 静态 NAT   C. 目的 NAT   D. 动态 NAT

（14）[判断题]NAT Server 技术是将内部服务器地址映射成公网地址对外公布。

A. 正确   B. 错误

（15）[填空题]现阶段我们已经掌握了三种源 NAT 技术，分别为 NAT No-PAT、_____、Easy-IP。

（16）[填空题]在命令行模式下配置 NAT 策略，需要在系统视图下使用_____命令进入 NAT 策略配置视图。（全小写）

（17）[填空题]某工程师配置完 NAT Server 后，为了检查配置后生成的 Server-map，要使用_____命令查询 Server-map。（全小写）

第11章
双机热备

防火墙作为安全设备，一般会部署在需要保护的网络和不受保护的网络之间，即位于网络边界上。在网络边界上，如果仅仅使用一台防火墙设备，无论其可靠性多高，系统都可能会承受因单点故障而导致的网络中断风险。为了防止一台设备出现意外故障而导致网络业务中断的情况，可以采用两台防火墙形成双机热备。

11.1 双机热备概述

双机热备技术的出现改变了可靠性难以保证的尴尬局面，它通过在网络出口位置部署两台防火墙，保证了内部网络与外部网络之间的通信可靠性。

1. 双机热备简介

防火墙部署在网络出口位置时，如果发生故障会影响到整网业务。为提升网络的可靠性，需要部署两台防火墙并组成双机热备。

双机热备需要两台硬件和软件配置均相同的防火墙。两台防火墙之间通过一条独立的链路连接，这条链路通常被称为"心跳线"。两台防火墙通过心跳线了解对端的健康状况，向对端备份配置和表项（如会话表、IPSec SA 等）。当一台防火墙出现故障时，业务流量能平滑地切换到另一台设备上处理，使业务不中断。

2. 心跳线

双机热备组网中，心跳线是两台防火墙交互消息了解对端状态及备份配置命令和各种表项的通道。心跳线两端的接口通常被称为"心跳接口"。

心跳线主要传递如下消息。

（1）心跳报文（Hello报文）：两台防火墙通过定期（默认周期为1秒）互相发送心跳报文检测对端设备是否存活。

（2）VGMP（VRRP Group Management Protocol，VRRP组管理协议）报文：了解对端设备的VGMP组的状态，确定本端和对端设备当前状态是否稳定，是否要进行故障切换。

（3）配置和表项备份报文：用于两台防火墙同步配置命令和状态信息。

（4）心跳链路探测报文：用于检测对端设备的心跳接口能否正常接收本端设备的报文，确定是否有心跳接口可以使用。

（5）配置一致性检查报文：用于检测两台防火墙的关键配置是否一致，如安全策略、NAT 等。

上述报文均不受防火墙的安全策略控制，因此不需要针对这些报文配置安全策略。

3. 双机热备的工作模式

防火墙支持主备备份和负载分担两种运行模式。

（1）主备备份模式：两台设备一主一备，正常情况下业务流量由主用设备处理。当主用设备故障时，备用设备接替主用设备处理业务流量，保证业务不中断。

（2）负载分担模式：两台设备互为主备，正常情况下两台设备共同分担整网的业务流量。当其中一台设备故障时，另外一台设备会承担其业务，保证原本通过该设备转发的业务不中断。

4. VGMP组

（1）VGMP是华为公司的私有协议。VGMP中定义了VGMP组，防火墙基于VGMP组实现设备主备状态管理。

（2）每台防火墙都有一个VGMP组，用户不能删除这个VGMP组，也不能再创建其他的VGMP组。VGMP组有优先级和状态两个属性。VGMP组的优先级决定了VGMP组的状态。

（3）VGMP组优先级是不可配置的。设备正常启动后，会根据设备的硬件配置自动生成一个VGMP组优先级，我们将这个优先级称为初始优先级。

（4）VGMP组有四种状态：Initialize、Load-balance、Active和Standby。其中，Initialize是初始化状态，设备未启用双机热备功能时，VGMP组处于这个状态。其他三种状态则是设备通过比较自身和对端设备的VGMP组优先级大小确定的。设备通过心跳线接收对端设备的VGMP报文，了解对端设备的VGMP组优先级。

①当设备自身的VGMP组优先级等于对端设备的VGMP组优先级时，设备的VGMP组状态为Load-balance。

②当设备自身的VGMP组优先级大于对端设备的VGMP组优先级时，设备的VGMP组状态为Active。

③当设备自身的VGMP组优先级小于对端设备的VGMP组优先级时，设备的VGMP组状态为Standby。

④当设备没有接收到对端设备的VGMP报文，无法了解到对端设备的VGMP组优先级时，设备的VGMP组状态为Active。例如，心跳线故障。

（5）双机热备要求两台设备的硬件型号、单板的类型和数量都要相同。因此，正常情况下两台设备的VGMP组优先级是相等的，VGMP组状态为Load-balance。如果某一台设备发生了故障，该设备的VGMP组优先级会降低。故障设备的VGMP组优先级小于无故障设备的VGMP组优先级，故障设备的VGMP组状态会变成Standby，无故障设备的VGMP组状态会变成Active。

（6）防火墙能根据VGMP组的状态调整VRRP备份组的状态、动态路由（OSPF、OSPFv3和BGP）的开销值、VLAN的状态及接口的状态（镜像模式），从而实现主备备份或负载分担模式的双机热备。

5. 基于VRRP的双机热备

（1）防火墙的业务接口工作在三层并连接交换机时，可以在防火墙上配置VRRP（Virtual Router Redundancy Protocol，虚拟路由冗余协议）实现双机热备。

（2）VRRP是一种容错协议，它保证了当主机的下一跳路由器（默认网关）出现故障时，由备份路由器自动代替出现故障的路由器完成报文转发任务，从而保持网络通信的连续性和可靠性。

（3）在防火墙上配置VRRP时，是将两台防火墙上编号相同的接口加入一个VRRP备份组。一个VRRP备份组相当于一台虚拟路由设备，拥有虚拟IP地址和虚拟MAC地址。网络内主机将其网关设置为VRRP备份组的虚拟IP地址。这些主机都是通过虚拟路由器与外部网络通信的。

（4）VRRP备份组有三种状态：Initialize、Master和Backup。

①Initialize：初始化状态。当设备的VRRP备份组状态为Initialize时，该VRRP备份组处于不可用状态。

②Master：活动状态。VRRP备份组状态为Master的设备被称为Master设备，它拥有VRRP备份组的虚拟IP地址和虚拟MAC地址。当Master设备收到目的IP地址是虚拟IP地址的ARP请求时，会响应这个ARP请求。

③Backup：备份状态。VRRP备份组状态为Backup的设备被称为Backup设备，它不会响应目的IP地址为虚拟IP地址的ARP请求。

（5）当Master设备正常工作时，网络内主机通过Master设备与外部网络通信。当Master设备出现故障时，Backup设备会成为新的Master设备，接替原Master设备的报文转发工作，保证网络不中断。

6. HRP的基本概念

（1）HRP（Huawei Redundancy Protocol，华为冗余协议）用来实现防火墙双机之间状态信息和关键配置命令的动态备份。

（2）备份方向：支持备份的配置命令默认只能在配置主设备上执行，这些命令会自动备份到主设备上。例如，安全策略配置命令、NAT策略配置命令等。

（3）主备备份组网中，只有主设备会处理业务，主设备上生成业务表项，并向备设备备份。

（4）负载分担组网中，两台防火墙都会处理业务，都会生成业务表项并向对端设备备份。

（5）备份通道：配置和状态数据需要网络管理员指定备份通道接口进行备份。一般情况下，在两台设备上直连的端口作为备份通道，有时也称为"心跳线"（VGMP也通过该通道进行通信）。

11.2 防火墙双机热备实验

本实验拓扑由USG6000V系列防火墙、S3700交换机和测试终端组成，通过在防火墙FW1和FW2上配置双机热备技术，实现网络的高可靠性。本实验采用CLI命令行方式进行配置。

1. 实验目标

（1）掌握CLI命令行方式配置VGMP。

（2）掌握CLI命令行方式配置VRRP和HRP。

（3）掌握防火墙源双机热备的基本原理。

2. 实验拓扑

接下来，我们通过eNSP实现防火墙双机热备的实验配置，实验拓扑如图11-1所示，其中LSW1、

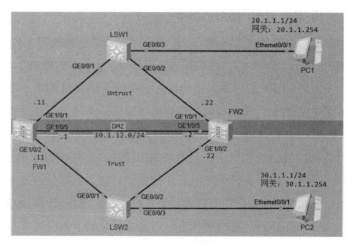

图11-1　防火墙双机热备实验拓扑

LSW2作为二层交换机使用，无须配置。

3. 实验步骤

步骤❶：配置IP地址。

（1）配置防火墙FW1的IP地址，配置命令如下。

```
Username:admin
Password:
The password needs to be changed. Change now? [Y/N]: y
Please enter old password:
Please enter new password:
Please confirm new password:
 Info: Your password has been changed. Save the change to survive a reboot.
****************************************************************
*         Copyright (C) 2014-2018 Huawei Technologies Co., Ltd.      *
*                         All rights reserved.                       *
*              Without the owner's prior written consent,            *
*         no decompiling or reverse-engineering shall be allowed.     *
****************************************************************
<USG6000V1>system-view
[USG6000V1]sysname FW1
[FW1]interface GigabitEthernet 1/0/1
[FW1-GigabitEthernet1/0/1]ip address 20.1.1.11 24
[FW1-GigabitEthernet1/0/1]quit
[FW1]interface GigabitEthernet 1/0/2
[FW1-GigabitEthernet1/0/2]ip address 30.1.1.11 24
[FW1-GigabitEthernet1/0/2]quit
[FW1]interface GigabitEthernet 1/0/5
[FW1-GigabitEthernet1/0/5]ip address 10.1.12.1 24
[FW1-GigabitEthernet1/0/5]quit
```

（2）配置防火墙FW2的IP地址，配置命令如下。

```
Username:admin
Password:
The password needs to be changed. Change now? [Y/N]: y
Please enter old password:
Please enter new password:
Please confirm new password:
 Info: Your password has been changed. Save the change to survive a reboot.
****************************************************************
*         Copyright (C) 2014-2018 Huawei Technologies Co., Ltd.      *
*                         All rights reserved.                       *
```

```
*              Without the owner's prior written consent,          *
*        no decompiling or reverse-engineering shall be allowed.   *
********************************************************************
<USG6000V1>system-view
Enter system view, return user view with Ctrl+Z.
[USG6000V1]sysname FW2
[FW2]interface GigabitEthernet 1/0/1
[FW2-GigabitEthernet1/0/1]ip address 20.1.1.22 24
[FW2-GigabitEthernet1/0/1]quit
[FW2]interface GigabitEthernet 1/0/2
[FW2-GigabitEthernet1/0/2]ip address 30.1.1.22 24
[FW2-GigabitEthernet1/0/2]quit
[FW2]interface GigabitEthernet 1/0/5
[FW2-GigabitEthernet1/0/5]ip address 10.1.12.2 24
[FW2-GigabitEthernet1/0/5]quit
```

（3）配置PC1的IP地址，如图11-2所示。

（4）配置PC2的IP地址，如图11-3所示。

图11-2　配置PC1的IP地址

图11-3　配置PC2的IP地址

步骤❷：配置防火墙接口安全区域。

（1）配置防火墙FW1的安全区域，配置命令如下。

```
[FW1]firewall zone untrust
[FW1-zone-untrust]add interface GigabitEthernet 1/0/1
[FW1-zone-untrust]quit
[FW1]firewall zone trust
[FW1-zone-trust]add interface GigabitEthernet 1/0/2
[FW1-zone-trust]quit
[FW1]firewall zone dmz
[FW1-zone-dmz]add interface GigabitEthernet 1/0/5
[FW1-zone-dmz]quit
```

（2）配置防火墙FW2的安全区域，配置命令如下。

```
[FW2]firewall zone untrust
[FW2-zone-untrust]add interface GigabitEthernet 1/0/1
[FW2-zone-untrust]quit
[FW2]firewall zone trust
[FW2-zone-trust]add interface GigabitEthernet 1/0/2
[FW2-zone-trust]quit
[FW2]firewall zone dmz
[FW2-zone-dmz]add interface GigabitEthernet 1/0/5
[FW2-zone-dmz]quit
```

配置完成后，在FW1和FW2上查看安全区域划分情况，结果如图11-4和图11-5所示。

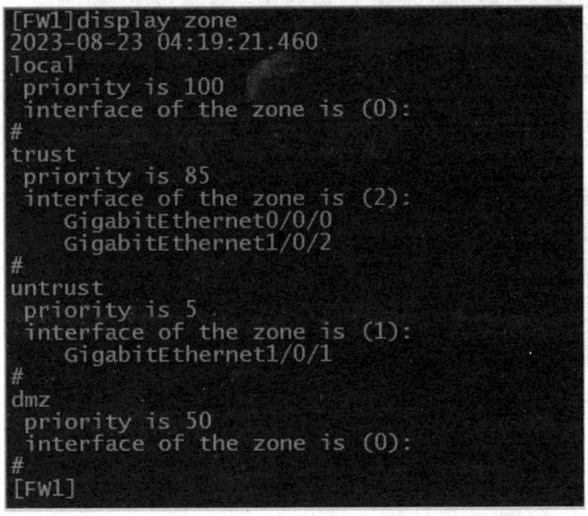

图11-4　查看FW1的安全区域划分情况

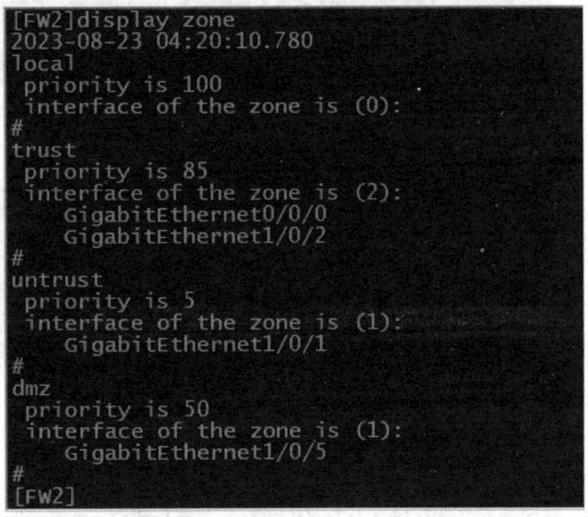

图11-5　查看FW2的安全区域划分情况

由上面的结果可知，FW1与FW2的接口所属的安全区域划分成功。

步骤❸：在防火墙FW1和FW2上配置VRRP备份组。

（1）在FW1上配置VRRP备份组，配置命令如下。

```
[FW1]interface GigabitEthernet 1/0/1
[FW1-GigabitEthernet1/0/1]vrrp vrid 20 virtual-ip 20.1.1.254 active
                                            // 设置备份组为主设备
[FW1-GigabitEthernet1/0/1]quit
[FW1]interface GigabitEthernet 1/0/2
[FW1-GigabitEthernet1/0/2]vrrp vrid 30 virtual-ip 30.1.1.254 active
                                            // 设置备份组为主设备
[FW1-GigabitEthernet1/0/2]quit
```

（2）在FW2上配置VRRP备份组，配置命令如下。

```
[FW2]interface GigabitEthernet 1/0/1
```

```
[FW2-GigabitEthernet1/0/1]vrrp vrid 20 virtual-ip 20.1.1.254 standby
                                              // 设置备份组为备设备
[FW2-GigabitEthernet1/0/1]quit
[FW2]interface GigabitEthernet 1/0/2
[FW2-GigabitEthernet1/0/2]vrrp vrid 30 virtual-ip 30.1.1.254 standby
                                              // 设置备份组为备设备
[FW2-GigabitEthernet1/0/2]quit
```

配置完成后，在FW1和FW2上查看VRRP备份组的状态信息和配置参数，结果如图11-6和图11-7所示。

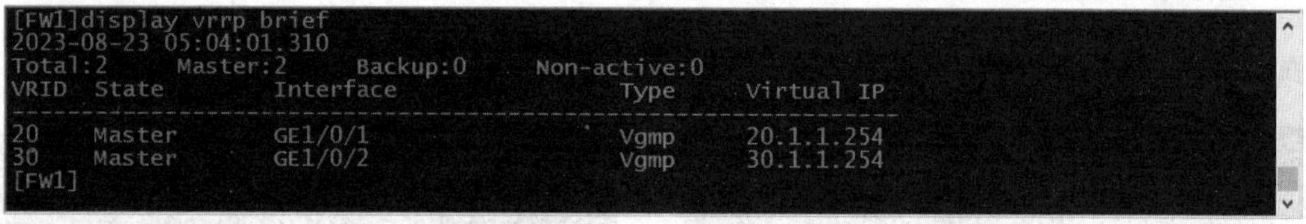

图 11-6　在 FW1 上查看 VRRP 备份组

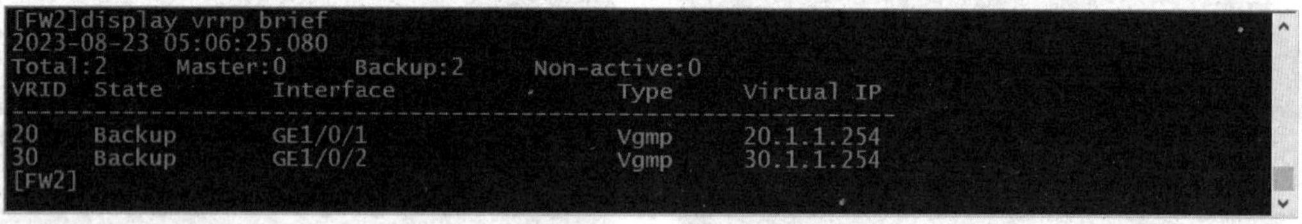

图 11-7　在 FW2 上查看 VRRP 备份组

步骤❹：配置HRP。

（1）在防火墙FW1和FW2上配置HRP心跳接口，配置命令如下。

```
[FW1]hrp interface GigabitEthernet 1/0/5 remote 10.1.12.2   // 配置心跳接口
[FW2]hrp interface GigabitEthernet 1/0/5 remote 10.1.12.1   // 配置心跳接口
```

（2）在防火墙FW1和FW2上启动HRP双机热备功能，配置命令如下。

```
[FW1]hrp enable
Info: NAT IP detect function is disabled.
HRP_S[FW1]

[FW2]hrp enable
Info: NAT IP detect function is disabled.
HRP_S[FW2]
```

配置完成后，在FW1和FW2上查看VRRP备份组的状态信息和配置参数，结果如图11-8和图11-9所示。

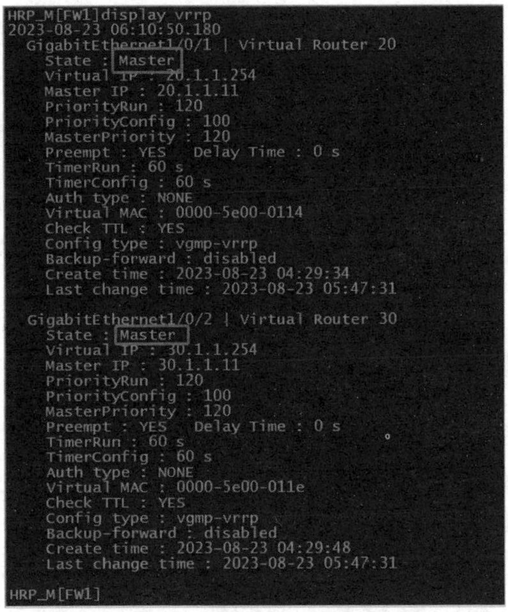

```
HRP_M[FW1]display vrrp
2023-08-23 06:10:50.180
  GigabitEthernet1/0/1 | Virtual Router 20
    State : Master
    Virtual IP : 20.1.1.254
    Master IP : 20.1.1.11
    PriorityRun : 120
    PriorityConfig : 100
    MasterPriority : 120
    Preempt : YES   Delay Time : 0 s
    TimerRun : 60 s
    TimerConfig : 60 s
    Auth type : NONE
    Virtual MAC : 0000-5e00-0114
    Check TTL : YES
    Config type : vgmp-vrrp
    Backup-forward : disabled
    Create time : 2023-08-23 04:29:34
    Last change time : 2023-08-23 05:47:31

  GigabitEthernet1/0/2 | Virtual Router 30
    State : Master
    Virtual IP : 30.1.1.254
    Master IP : 30.1.1.11
    PriorityRun : 120
    PriorityConfig : 100
    MasterPriority : 120
    Preempt : YES   Delay Time : 0 s
    TimerRun : 60 s
    TimerConfig : 60 s
    Auth type : NONE
    Virtual MAC : 0000-5e00-011e
    Check TTL : YES
    Config type : vgmp-vrrp
    Backup-forward : disabled
    Create time : 2023-08-23 04:29:48
    Last change time : 2023-08-23 05:47:31

HRP_M[FW1]
```

图 11-8　在 FW1 上查看 VRRP 备份组

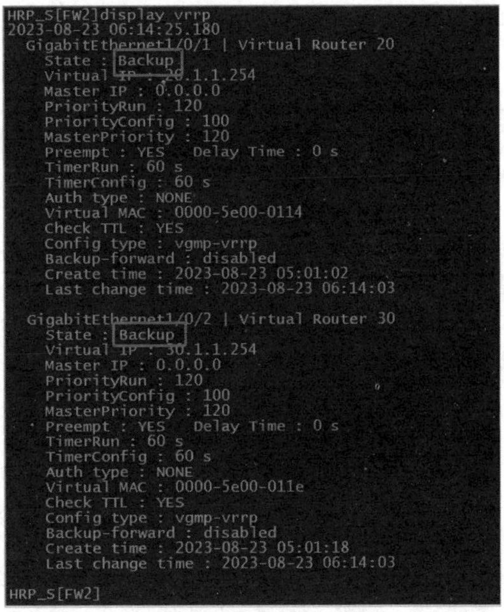

```
HRP_S[FW2]display vrrp
2023-08-23 06:14:25.180
  GigabitEthernet1/0/1 | Virtual Router 20
    State : Backup
    Virtual IP : 20.1.1.254
    Master IP : 0.0.0.0
    PriorityRun : 120
    PriorityConfig : 100
    MasterPriority : 120
    Preempt : YES   Delay Time : 0 s
    TimerRun : 60 s
    TimerConfig : 60 s
    Auth type : NONE
    Virtual MAC : 0000-5e00-0114
    Check TTL : YES
    Config type : vgmp-vrrp
    Backup-forward : disabled
    Create time : 2023-08-23 05:01:02
    Last change time : 2023-08-23 06:14:03

  GigabitEthernet1/0/2 | Virtual Router 30
    State : Backup
    Virtual IP : 30.1.1.254
    Master IP : 0.0.0.0
    PriorityRun : 120
    PriorityConfig : 100
    MasterPriority : 120
    Preempt : YES   Delay Time : 0 s
    TimerRun : 60 s
    TimerConfig : 60 s
    Auth type : NONE
    Virtual MAC : 0000-5e00-011e
    Check TTL : YES
    Config type : vgmp-vrrp
    Backup-forward : disabled
    Create time : 2023-08-23 05:01:18
    Last change time : 2023-08-23 06:14:03

HRP_S[FW2]
```

图 11-9　在 FW2 上查看 VRRP 备份组

由上面的结果可知，FW1 此时是两个备份组的主设备，FW2 则是备设备。

步骤❺：配置安全策略，测试同步情况。

（1）在主设备 FW1 上配置安全策略，允许 PC1 访问 PC2，配置命令如下。

```
HRP_M[FW1]security-policy  (+B)      // +B 代表同步到备设备 FW2
HRP_M[FW1-policy-security]rule name untrust_to_trust (+B)
HRP_M[FW1-policy-security-rule-untrust_to_trust]source-zone untrust (+B)
HRP_M[FW1-policy-security-rule-untrust_to_trust]destination-zone trust (+B)
HRP_M[FW1-policy-security-rule-untrust_to_trust]source-address 20.1.1.0 24 (+B)
HRP_M[FW1-policy-security-rule-untrust_to_trust]destination-address 30.1.1.0 24 (+B)
HRP_M[FW1-policy-security-rule-untrust_to_trust]service icmp (+B)
HRP_M[FW1-policy-security-rule-untrust_to_trust]action permit  (+B)
HRP_M[FW1-policy-security-rule-untrust_to_trust]quit
HRP_M[FW1-policy-security]quit
```

配置完成后，可以在备设备 FW2 上查看从主设备 FW1 同步来的安全策略，如图 11-10 所示。

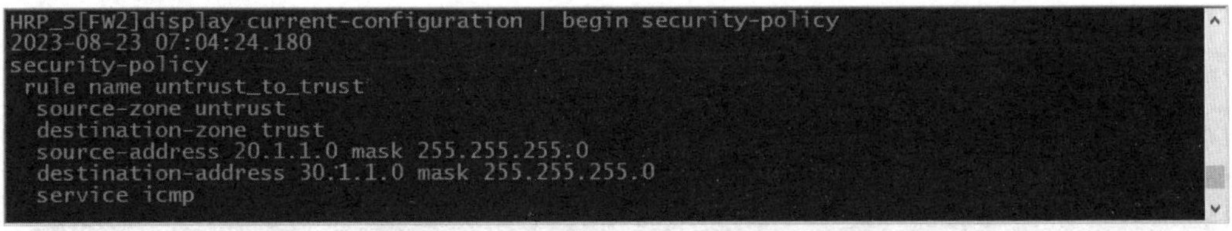

```
HRP_S[FW2]display current-configuration | begin security-policy
2023-08-23 07:04:24.180
security-policy
 rule name untrust_to_trust
  source-zone untrust
  destination-zone trust
  source-address 20.1.1.0 mask 255.255.255.0
  destination-address 30.1.1.0 mask 255.255.255.0
  service icmp
```

图 11-10　查看备设备的同步情况

（2）启用允许配置备用设备的功能。

```
HRP_S[FW2]hrp standby config enable    (+B)
```

● 缺省情况下，未启用允许配置备用设备的功能。所有可以备份的信息都只能在主用设备上配置并备份到备用设备上，不能在备用设备上配置。

● 启用允许配置备用设备的功能后，所有可以备份的信息都可以直接在备用设备上进行配置。且备用设备上的配置可以同步到主用设备。如果主备设备上都进行了某项配置，则从时间上来说，后配置的信息会覆盖先配置的信息。

● hrp standby config enable命令在双机热备中的两台防火墙上均可配置，且相互备份。如果主备设备上都配置了这条命令，则从时间上来说，后配置的会覆盖先配置的。

（3）测试备设备FW2是否能配置安全策略，如图11-11所示。

由上面的结果可知，备设备FW2已经可以配置安全策略，说明配置成功。

步骤❻：配置主设备配置命令和状态表项的自动备份。

```
HRP_M[FW1]hrp auto-sync    // 启动配置命令和状态表项的自动备份
HRP_M[FW1]
```

步骤❼：测试PC1访问PC2。

（1）在PC1上访问PC2的IP地址30.1.1.1，结果如图11-12所示。

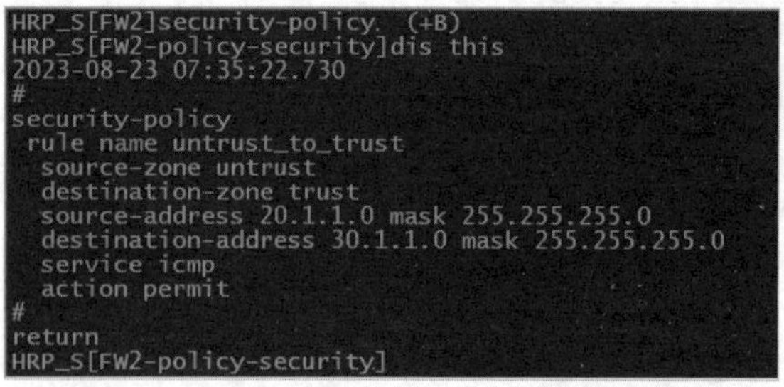

图11-11　测试备设备能否配置

图11-12　PC1访问PC2

（2）查看防火墙FW1和FW2的ICMP会话表项，如图11-13和图11-14所示。

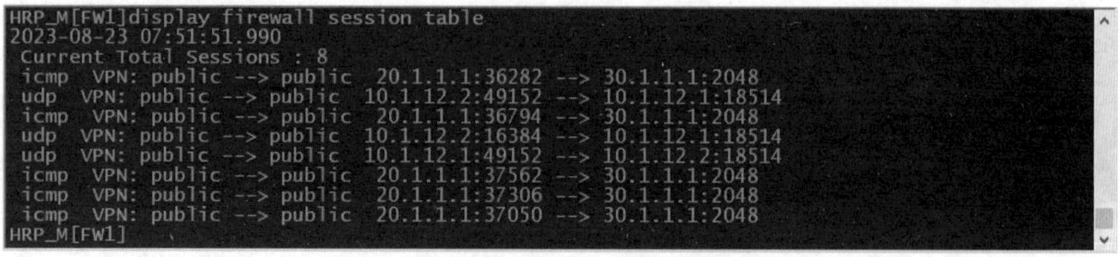

```
HRP_M[FW1]display firewall session table
2023-08-23 07:51:51.990
 Current Total Sessions : 8
 icmp  VPN: public --> public  20.1.1.1:36282 --> 30.1.1.1:2048
 udp   VPN: public --> public  10.1.12.2:49152 --> 10.1.12.1:18514
 icmp  VPN: public --> public  20.1.1.1:36794 --> 30.1.1.1:2048
 udp   VPN: public --> public  10.1.12.2:16384 --> 10.1.12.1:18514
 udp   VPN: public --> public  10.1.12.1:49152 --> 10.1.12.2:18514
 icmp  VPN: public --> public  20.1.1.1:37562 --> 30.1.1.1:2048
 icmp  VPN: public --> public  20.1.1.1:37306 --> 30.1.1.1:2048
 icmp  VPN: public --> public  20.1.1.1:37050 --> 30.1.1.1:2048
HRP_M[FW1]
```

图11-13　查看防火墙FW1的会话表项

```
HRP_S[FW2]display firewall session table
2023-08-23 08:00:42.580
Current Total Sessions : 8
udp   VPN: public --> public    10.1.12.1:16384 --> 10.1.12.2:18514
udp   VPN: public --> public    10.1.12.2:49152 --> 10.1.12.2:18514
udp   VPN: public --> public    10.1.12.2:49152 --> 10.1.12.2:18514
icmp  VPN: public --> public    Remote 20.1.1.1:43196 --> 30.1.1.1:2048
icmp  VPN: public --> public    Remote 20.1.1.1:42172 --> 30.1.1.1:2048
icmp  VPN: public --> public    Remote 20.1.1.1:42428 --> 30.1.1.1:2048
icmp  VPN: public --> public    Remote 20.1.1.1:42684 --> 30.1.1.1:2048
icmp  VPN: public --> public    Remote 20.1.1.1:42940 --> 30.1.1.1:2048
HRP_S[FW2]]
```

图 11-14　查看防火墙 FW2 的会话表项

由上面的结果可知，PC1 能正常访问 PC2，且防火墙 FW1 和 FW2 都存在对应的会话表项。

步骤❽：测试主备防火墙故障情况下的切换情况。

（1）在 PC1 上 ping PC2 的 IP 地址 30.1.1.1/24，如图 11-15 所示。

（2）模拟主设备 FW1 的接口 GE1/0/1 出现故障，配置命令如下。

```
HRP_M[FW1]interface GigabitEthernet 1/0/1 (+B)
HRP_M[FW1-GigabitEthernet1/0/1]shutdown      // 关闭 FW1 的接口 GE1/0/1，模拟故障
```

（3）观察 PC1 访问 PC2 的 ping 包是否中断，如图 11-16 所示。

图 11-15　PC1 ping PC2 的 IP 地址　　　　　图 11-16　观察 PC1 访问 PC2 的 ping 包

由上面的结果可知，PC1 访问 PC2 的流量并没有因为 FW1 的接口故障而长时间中断，而是由备设备 FW2 作为新的中转设备。该现象说明 FW1 和 FW2 在故障中主备切换正常，起到了冗余备份作用。

（4）查看 FW1 和 FW2 的主备情况，如图 11-17 和图 11-18 所示。

```
HRP_S[FW1]display vrrp brief
2023-08-23 08:19:38.750
Total:2     Master:0     Backup:1     Non-active:1
VRID   State        Interface        Type      Virtual IP
20     Initialize   GE1/0/1          Vgmp      20.1.1.254
30     Backup       GE1/0/2          Vgmp      30.1.1.254
HRP_S[FW1]
```

图 11-17　查看 FW1 的主备情况

```
HRP_M[FW2]display vrrp brief
2023-08-23 08:20:12.770
Total:2    Master:2    Backup:0    Non-active:0
VRID  State    Interface        Type     Virtual IP

20    Master   GE1/0/1          Vgmp     20.1.1.254
30    Master   GE1/0/2          Vgmp     30.1.1.254
HRP_M[FW2]
```

图 11-18 查看 FW2 的主备情况

由上面的结果可知，防火墙FW1和FW2主备身份切换成功，本实验配置完成。

11.3 实验命令汇总

通过前面的学习，我们了解了双机热备的相关知识，接下来对实验中涉及的关键命令做一个总结，如表11-1所示。

表 11-1 实验命令

命令	作用
vrrp vrid virtual-ip	创建VRRP备份组，配置虚拟IP地址并指定备份组的状态
hrp interface	配置HRP心跳接口
hrp enable	启动HRP双机热备功能
display vrrp	显示VRRP备份组的状态信息和配置参数
hrp standby config enable	启用允许配置备用设备的功能
hrp auto-sync	启动配置命令和状态表项的自动备份

11.4 本章知识小结

双机热备技术是当前的主流技术，通过配置双机热备可以实现出口设备冗余备份，提供高可靠性拓扑，保证了内部网络与外部网络之间的通信可靠性。

11.5 典型真题

（1）[单选题]在防火墙上部署双机热备时，为实现VRRP备份组整体状态切换，需要使用以下哪个协议？

A. VRRP   B. VGMP   C. HRP   D. OSPF

（2）［单选题］VGMP组出现以下哪种情况时，不会主动向对端设备发送VGMP报文？

A. 双机热备功能启用　　　　　　　　　B. 手工切换防火墙主备状态

C. 防火墙业务接口故障　　　　　　　　D. 会话表项变化

（3）［单选题］双机热备的缺省备份方式是以下哪种？

A. 自动备份　　　　　　　　　　　　　B. 手工批量备份

C. 会话快速备份　　　　　　　　　　　D. 设备重启后主备防火墙的配置

（4）［单选题］下列哪个信息不是双机热备中状态信息备份所包含的备份内容？

A. IPSEC 隧道　　　　B. NAPT 相关表项　　　C. IPv4 会话表　　　　D. 路由表

（5）［单选题］下列关于双机热备的描述中错误的是？

A. 无论是二层还是三层接口，无论是业务接口还是心跳接口，都需要加入安全区域

B. 缺省情况下，抢占延迟是60s

C. 缺省情况下，主动抢占功能是开启的

D. 双机热备功能需要 License 支持

（6）［单选题］以下哪项不属于防火墙双机热备需要具备的条件？

A. 防火墙硬件型号一致　　　　　　　　B. 防火墙软件版本一致

C. 防火墙使用的接口类型及编号一致　　D. 防火墙接口 IP 地址一致

（7）［单选题］下列哪个选项不是配置双机热备所应该具备的系统要求？

A. 防火墙软件版本必须相同　　　　　　B. 防火墙型号必须相同

C. 防火墙硬盘配置必须相同　　　　　　D. 防火墙单板类型必须相同

（8）［单选题］以下关于双机热备中自动备份模式的描述，错误的是哪项？

A. 在一台防火墙上每执行一条可以备份的命令时，此命令会被立即同步备份到另一台防火墙上

B. 需要管理员手工开启

C. 主用设备会周期性地将可以备份的状态信息备份到备用设备上

D. 能够自动实时备份配置命令和周期性地备份状态信息，适用于各种双机热备组网

（9）［单选题］以下关于在双机热备中心跳线传递信息的描述，错误的是哪项？

A. 两台防火墙通过定期互相发送心跳报文检测对端设备是否存活

B. 心跳链路探测报文用于两台防火墙同步配置命令和状态

C. 配置一致性检查报文用于检测两台防火墙的关键配置是否一致

D. VGMP报文用于确定对端设备状态来判断是否需要进行切换

（10）［多选题］以下哪些选项属于防火墙双机热备场景的必要配置？

A. hrp enable

B. hrp mirror session enable

C. hrp interface interface-type interface-number

D. hrp preempt ［delay interval］

（11）[填空题]防火墙部署在网络出口位置时，如果发生故障，会影响到整网业务。为提升网络的可靠性，需要部署两台防火墙并组成_____。

（12）[填空题]公司网络管理员在配置完公司双机热备后，如果需要查看心跳接口的状态，则他需要输入的命令是_____，默认已经进入系统视图。

（13）[填空题]双机热备的备份方式分为自动备份、_____、手工批量备份，设备重启后，主备防火墙的配置自动同步。

（14）[填空题]公司网络管理员在进行双机热备时，考虑到有可能出现来回路径不一致的情况，想要开启会话快速备份功能，需要输入的命令是_____。

（15）[填空题]两台防火墙正常运行且双机热备关系已建立的情况下，在一台防火墙上每执行一条支持备份的命令，此配置命令就会立即备份到另一台防火墙上，但不是所有的配置命令都支持备份。如果配置命令支持备份，在防火墙上执行命令时，命令后面会有+___的标识符。（英文，全大写）

第12章
用户管理

信息安全事件频繁发生，大多数是由于内部用户和管理员安全意识薄弱或误操作导致，而权限管理不当使得安全事件的影响范围扩大、系统损害加深。

在企业网应用场景中，用户是访问网络资源的主体，为了保证网络资源的安全性，应该对用户进行适当的认证和合理的授权。

12.1 用户管理概述

用户管理技术使管理员有能力控制用户对网络资源的访问。对于任何网络，用户管理都是最基本的安全管理要求之一。

1. AAA简介

AAA是Authentication（认证）、Authorization（授权）和Accounting（计费）的简称，是网络安全的一种管理机制，提供了认证、授权、计费三种安全功能。

（1）认证：验证用户是否可以获得访问权，确定哪些用户可以访问网络。

（2）授权：授权用户可以使用哪些服务。

（3）计费：记录用户使用网络资源的情况。

2. AAA的常见应用场景

（1）通过RADIUS服务器实现用户上网管理。

①通过在NAS上配置AAA方案，实现NAS与RADIUS服务器的对接。

②用户在客户端上输入用户名和密码后，NAS可以将这些信息发送至RADIUS服务器进行认证。

③如果认证通过，则授予用户访问Internet的权限。

④在用户访问过程中，RADIUS服务器还可以记录用户使用网络资源的情况。

（2）通过本地认证实现网络管理员权限控制。

①在防火墙上配置本地AAA方案后，当网络管理员登录防火墙时，防火墙将网络管理员的用户名和密码等信息，与本地配置的用户名信息进行比对认证。

②认证通过后，防火墙将授予网络管理员一定的管理员权限。

3. AAA的基本架构

AAA的基本架构中包括用户、NAS、AAA服务器。

（1）NAS负责集中收集和管理用户的访问请求，现网常见的NAS设备有交换机、防火墙等。

（2）AAA服务器负责集中管理用户信息。

4. 认证

防火墙支持如下三种认证方式。

（1）不认证：完全信任用户，不对用户身份进行合法性检查。出于安全考虑，这种认证方式很少被采用。

（2）本地认证：将本地用户信息（包括用户名、密码和各种属性）配置在NAS上，此时NAS就是AAA服务器。本地认证的优点是处理速度快、运营成本低；缺点是存储信息量受设备硬件条件限制。这种认证方式常用于对用户登录防火墙进行管理，如Telnet、FTP等。

（3）远端认证：将用户信息（包括用户名、密码和各种属性）配置在认证服务器上，支持通过

RADIUS协议进行远端认证。NAS作为客户端，与RADIUS服务器进行通信。

5. 授权

（1）授权表示用户可以使用哪些业务，如公共业务、敏感业务等。

（2）防火墙支持的授权方式有不授权、本地授权和远端授权。授权内容包括用户组、VLAN、ACL编号等。

6. 计费

（1）防火墙支持的AAA计费方式有不计费和远端计费。

（2）计费功能用于监控授权用户的网络行为和网络资源的使用情况。

7. AAA的常用技术方案

目前，华为设备支持基于RADIUS、HWTACACS、LDAP或AD来实现AAA，在实际应用中，RADIUS最为常用。AAA的常用技术方案如表12-1所示。

表12-1　AAA的常用技术方案

技术方案	交互协议	认证	授权	计费
RADIUS	UDP	支持	支持	支持
HWTACACS	TCP	支持	支持	支持
LDAP	TCP	支持	支持	不支持
AD	TCP	支持	支持	不支持
本地认证授权	/	支持	支持	不支持

8. RADIUS协议概述

（1）AAA可以通过多种协议来实现，在实际应用中，最常使用RADIUS协议。

（2）RADIUS是一种分布式的、客户端/服务器结构的信息交互协议，能保护网络不受未授权访问的干扰，常应用在既要求较高安全性，又允许远程用户访问的各种网络环境中。

（3）该协议定义了基于UDP的RADIUS报文格式及其传输机制，并规定UDP端口1812、1813分别作为默认的认证、计费端口。

（4）RADIUS协议的主要特征如下。

①客户端/服务器模式。

②安全的消息交互机制。

③良好的扩展性。

9. LDAP简介

（1）LDAP是轻量级目录访问协议的简称，LDAP基于C/S架构。

（2）LDAP服务器负责对来自应用服务器的请求进行认证，同时还指定用户访问的资源范围等。

（3）LDAP定义了多种操作来实现LDAP的各种功能，其中可以利用LDAP的绑定和查询操作来实现用户的认证和授权功能。

10. 用户组织架构及管理

（1）用户是网络访问的主体，是防火墙进行网络行为控制和网络权限分配的基本单元。用户组织架构中涉及以下三个概念。

①认证域：用户组织结构的容器，防火墙缺省存在default认证域，用户可以根据需求新建认证域。

②用户组/用户：用户按树形结构组织，隶属于组（部门）。管理员可以根据企业的组织结构来创建部门和用户。

③安全组：横向组织结构的跨部门群组。当需要基于部门以外的维度对用户进行管理时，可以创建跨部门的安全组。例如，企业中跨部门成立的群组。

（2）系统默认有一个缺省认证域，每个用户组可以包括多个用户和用户组。每个用户组只能属于一个父用户组，每个用户至少属于一个用户组，也可以属于多个用户组。

11. 用户分类

（1）管理员：管理员用户是指通过Telnet、SSH、Web、FTP等协议或通过Console口访问设备并对设备进行配置或操作的用户。

（2）上网用户：上网用户是网络访问的标识主体，是设备进行网络权限管理的基本单元。设备通过对访问网络的用户进行身份认证，从而获取用户身份，并针对用户的身份进行相应的策略控制。

（3）接入用户：外部网络中访问网络资源的主体，如企业的分支机构员工和出差员工。接入用户需要先通过SSL VPN、L2TP VPN、IPSec VPN或PPPoE方式接入防火墙，然后才能访问企业总部的网络资源。

12. 管理员认证登录方式

管理员可以实现对设备的管理、配置和维护，其登录方式可以分为以下几种。

（1）Console口：Console口提供命令行方式对设备进行管理，通常用于设备的第一次配置，或者设备配置文件丢失，没有任何配置。当设备系统无法启动时，可通过Console口进行诊断或进入BootRom进行升级。

（2）Web：终端通过HTTP/HTTPS方式登录到设备进行远程配置和管理。

（3）Telnet：Telnet是一种传统的登录方式，通常用于通过命令行方式对设备进行配置和管理。

（4）FTP：FTP管理员主要对设备存储空间中的文件进行上传和下载。

（5）SSH：SSH提供安全的信息保障和强大的认证功能，在不安全的网络上提供一个安全的"通道"，此时设备作为SSH服务器。

13. 管理员认证方式——SSH

（1）SSH是建立在应用层基础上的安全协议，避免数据的明文传输。SSH可靠性高，是专为远程登录会话和其他网络服务提供安全保障的协议。利用SSH协议可以有效防止远程管理过程中的信息泄露问题。

（2）SSH安全验证方式如下。

①基于口令的安全验证。

②基于密钥的安全验证。

14. 上网用户认证方式

（1）单点登录：此种方式适用于部署防火墙用户认证功能之前已经部署认证系统的场景。

（2）内置Portal认证：此种方式适用于通过防火墙对用户进行认证的场景。

（3）用户自定义Portal认证：目前，存在两种类型的自定义Portal认证，即防火墙参与认证和防火墙不参与认证。

（4）用户免认证：免认证是指用户无须输入用户名和密码，但是防火墙可以获取用户和IP的对应关系，从而实现用户管理。

12.2 防火墙用户认证实验

本实验拓扑由USG6000V系列防火墙、S3700交换机和测试终端组成，通过在防火墙FW1上配置上网用户认证，实现对用户的管理。本实验关键部分采用Web界面方式进行配置。

1. 实验目标

（1）掌握Web界面方式配置防火墙用户认证。

（2）掌握防火墙用户认证的基本原理。

2. 实验拓扑

接下来，我们通过eNSP实现防火墙用户认证的实验配置，实验拓扑如图12-1所示，其中LSW1作为二层交换机使用，无须配置。

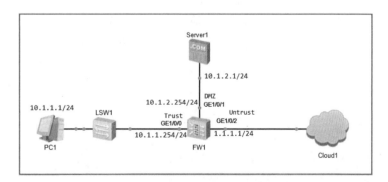

图12-1 防火墙用户认证实验拓扑

3. 实验步骤

步骤❶：配置IP地址。

（1）配置防火墙FW1的IP地址，配置命令如下。

```
Username:admin
Password:
```

```
The password needs to be changed. Change now? [Y/N]: y
Please enter old password:
Please enter new password:
Please confirm new password:
 Info: Your password has been changed. Save the change to survive a reboot.
**********************************************************************
*          Copyright (C) 2014-2018 Huawei Technologies Co., Ltd.    *
*                       All rights reserved.                        *
*               Without the owner's prior written consent,          *
*         no decompiling or reverse-engineering shall be allowed.    *
**********************************************************************
<USG6000V1>system-view
Enter system view, return user view with Ctrl+Z.
[USG6000V1]sysname FW1
[FW1]interface GigabitEthernet 1/0/0
[FW1-GigabitEthernet1/0/0]ip address 10.1.1.254 24
[FW1-GigabitEthernet1/0/0]service-manage all permit
[FW1-GigabitEthernet1/0/0]quit
[FW1]interface GigabitEthernet 1/0/1
[FW1-GigabitEthernet1/0/1]ip address 10.1.2.254 24
[FW1-GigabitEthernet1/0/1]service-manage all permit
[FW1-GigabitEthernet1/0/1]quit
[FW1]interface GigabitEthernet 1/0/2
[FW1-GigabitEthernet1/0/2]ip address 1.1.1.1 24
[FW1-GigabitEthernet1/0/2]service-manage all permit
[FW1-GigabitEthernet1/0/2]quit
```

（2）配置设备PC1的IP地址，如图12-2所示。

（3）配置设备Server1的IP地址，如图12-3所示。

图12-2　配置设备PC1的IP地址

图12-3　配置设备Server1的IP地址

步骤❷：配置接口所属安全区域和安全策略。

（1）划分接口到对应的安全区域，配置命令如下。

```
[FW1]firewall zone untrust
[FW1-zone-untrust]add interface GigabitEthernet 1/0/2
[FW1-zone-untrust]quit
[FW1]firewall zone trust
[FW1-zone-trust]add interface GigabitEthernet 1/0/0
[FW1-zone-trust]quit
[FW1]firewall zone dmz
[FW1-zone-dmz]add interface GigabitEthernet 1/0/1
[FW1-zone-dmz]quit
```

（2）配置防火墙FW1的安全策略，配置命令如下。

```
[FW1]security-policy
[FW1-policy-security]default action permit
Warning:Setting the default packet filtering to permit poses security risks.
You are advised to configure the security policy based on the actual data
flows. Are you sure you want to continue?[Y/N]y
[FW1-policy-security]quit
```

配置完成后，可以测试PC1、Server1与FW1之间的连通性，如图12-4和图12-5所示。

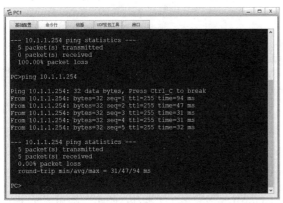

图 12-4　测试PC1与FW1之间的连通性

图 12-5　测试Server1与FW1之间的连通性

由上面的结果可知，PC1、Server1与FW1之间的直连连通正常。

步骤❸：配置防火墙FW1，实现上网用户认证。

（1）新建认证策略：选择【对象】→【用户】→【认证策略】选项，单击【新建】按钮，弹出【新建认证策略】界面，如图12-6所示。

图 12-6　新建认证策略

（2）设置【用户配置】为本地：选择【对象】→【用户】→【default】选项，设置【用户配置】，选中【本地】复选框，如图 12-7 所示。

图 12-7　设置【用户配置】为本地

（3）新建用户组：选择【对象】→【用户】→【default】选项，单击【新建】按钮，弹出【新建用户组】界面，如图 12-8 所示。

图 12-8　新建用户组

（4）新建用户：选择【对象】→【用户】→【default】选项，单击【新建】按钮，弹出【新建用户】界面，如图12-9所示。

图12-9　新建用户

实验命令汇总

通过前面的学习，我们了解了用户管理的相关知识，接下来对实验中涉及的关键命令做一个总结，如表12-2所示。

表12-2　实验命令

命令	作用
service-manage	允许或拒绝管理员通过HTTP、HTTPS、Ping、SSH、SNMP、NETCONF及Telnet访问设备
firewall zone	创建安全区域，并进入安全区域视图

12.4 本章知识小结

用户管理技术使管理员有能力控制用户对网络资源的访问。对于任何网络，用户管理都是最基本的安全管理要求之一。通过本章内容的学习，读者可以掌握用户管理的相关知识，从容地应对工作中遇到的用户管理问题。

12.5 典型真题

（1）[单选题]AAA不包括以下哪项？

A. 认证　　　　　　B. 授权　　　　　　C. 计费　　　　　　D. 管理

（2）[单选题]关于上网用户管理的说法，以下哪项是错误的？

A. 每个用户组可以包括多个用户和用户组

B. 每个用户组可以属于多个父用户组

C. 系统默认有一个default用户组，该用户组同时也是系统默认认证域

D. 每个用户至少属于一个用户组，也可以属于多个用户组

（3）[多选题]在华为防火墙用户管理中，包含以下哪几类？

A. 上网用户管理　　B. 接入用户管理　　C. 管理员用户管理　　D. 设备用户管理

（4）[多选题]以下哪些安全威胁属于终端安全威胁？

A. 中间人攻击　　　B. 服务器存在漏洞　　C. 用户身份未经验证　　D. 用户使用弱密码

（5）[多选题]根据所支持同时操作的用户数目，操作系统可以分为单用户操作系统和多用户操作系统，以下哪些项不属于多用户操作系统？

A. UNIX　　　　　　B. OS/2　　　　　　C. Linux　　　　　　D. MSDOS

（6）[多选题]以下哪些技术可以实现分支机构用户访问企业总部的网络资源？

A. IPSec VPN　　　　B. L2TP VPN　　　　C. SSL VPN　　　　D. PPPoE

（7）[多选题]安全检查服务需要检查以下哪些内容？

A. 用户行为　　　　B. 文件　　　　　　C. 流量　　　　　　D. 应用

第13章
入侵防御

在目前出现的各种安全威胁中，恶意程序类别占有很高的比例，灰色软件的影响也逐渐扩大，而与恶意代码有关的安全威胁已经成为网络安全的重要影响因素。

目前，用户面临的不再是传统的病毒攻击，网络威胁经常是集病毒、黑客入侵、木马、僵尸和间谍等危害于一身的混合体，因此单靠以往的防病毒技术或单一的安全技术往往难以抵御。

本章主要对入侵的概念及华为防火墙产品的入侵防御功能进行介绍。

13.1 入侵防御概述

根据CNCERT发布的《2021年上半年我国互联网网络安全监测数据分析报告》，我国捕获恶意程序样本数量约2307万个，日均传播次数达582万余次，涉及恶意程序家族约20.8万个。按照传播来源统计，境外来源主要来自美国、印度和日本等；境内来源主要来自河南省、广东省和浙江省等。按照攻击目标IP地址统计，我国境内受恶意程序攻击的IP地址近3048万个，约占我国IP地址总数的7.8%，这些受攻击的IP地址主要集中在广东省、江苏省、浙江省等地区。由上面的数据可知，网络安全受到严重的威胁，通过防火墙合理部署入侵防御是防御网络威胁的有效方法。

1. 入侵概述

（1）入侵是指未经授权而尝试访问信息系统资源、篡改信息系统中的数据，使信息系统不可靠或不能使用的行为。

（2）入侵企图破坏信息系统的完整性、机密性、可用性及可控性。

（3）常见的入侵手段如下。

①利用系统及软件的漏洞。

②DDoS（Distributed Denial of Service，分布式拒绝服务）攻击。

③植入病毒及恶意软件。

（4）典型的入侵行为如下。

①篡改 Web 网页。

②破解系统密码。

③复制 / 查看敏感数据。

④使用网络嗅探工具获取用户密码。

⑤访问未经允许的服务器。

⑥使用特殊硬件获得原始网络包。

⑦向主机植入特洛伊木马程序。

2. 漏洞威胁

（1）网络攻击者、企业内部恶意员工利用系统及软件的漏洞入侵服务器，严重威胁企业关键业务数据的安全。

（2）漏洞会给企业造成严重的安全威胁。

①企业内网中许多应用软件可能存在漏洞。

②互联网使应用软件的漏洞迅速传播。

③蠕虫利用应用软件漏洞大肆传播，消耗网络带宽，破坏重要数据。

④黑客、恶意员工利用漏洞攻击或入侵企业服务器，业务机密被篡改、破坏和偷窃。

3. DDoS 攻击

（1）DDoS 攻击是指攻击者通过控制大量的僵尸主机，向被攻击者发送大量精心构造的攻击报文，造成被攻击者所在网络的链路拥塞、系统资源耗尽，从而使被攻击者产生拒绝向正常用户提供服务的效果。

（2）目前，互联网中存在着大量的僵尸主机和僵尸网络，在商业利益的驱使下，DDoS 攻击已经成为互联网面临的重要安全威胁。遭受 DDoS 攻击时，网络带宽被大量占用，网络陷入瘫痪；受攻击服务器资源被耗尽无法响应正常用户请求，严重时会造成系统死机，企业业务无法正常运行。

4. 恶意代码入侵威胁

恶意代码包含病毒、木马和间谍软件等。恶意代码可感染或附着在应用程序或文件中，一般通过邮件或文件共享等方式进行传播，威胁用户主机和网络的安全。恶意代码入侵威胁包括以下特点。

（1）浏览网页和邮件传输是病毒、木马、间谍软件进入内网的主要途径。

（2）病毒能够破坏计算机系统，篡改、损坏业务数据。

（3）木马使攻击者不仅可以窃取计算机上的重要信息，还可以对内网计算机进行破坏。

（4）间谍软件可以搜集、使用并散播企业员工的敏感信息，严重干扰企业的正常业务。

（5）桌面型反病毒软件难以从全局上防止恶意代码泛滥。

5. 入侵防御概述

（1）入侵防御是一种安全机制。通过分析网络流量检测入侵（包括缓冲区溢出攻击、木马、蠕虫等），并通过一定的响应方式实时地中止入侵行为，保护企业信息系统和网络架构免受侵害。

（2）入侵防御功能通常用于防护来自内部或外部网络对内网服务器和客户端的入侵。

（3）入侵防御通过检测发现网络入侵后，能自动丢弃入侵报文或阻断攻击源，从根本上避免攻击行为。

（4）入侵防御的主要优势有如下几点。

①实时阻断攻击：设备直接部署在网络中，能够实时对入侵活动和攻击性网络流量进行拦截，将对网络的影响降到最低。

②深层防护：新型的攻击都隐藏在 TCP/IP 协议的应用层中，入侵防御不但能检测报文应用层的内容，还可以对网络数据流重组进行协议分析和检测，并根据攻击类型、策略等确定应该被拦截的流量。

③全方位防护：入侵防御可以提供针对蠕虫、病毒、木马、僵尸网络、间谍软件、广告软件、CGI（Common Gateway Interface，公共网关接口）攻击、跨站脚本攻击、注入攻击、目录遍历、信息泄露、远程文件包含攻击、溢出攻击、代码执行、拒绝服务、扫描工具等多种攻击的防护措施，全方位保护网络安全。

④内外兼防：入侵防御不但可以防止来自企业外部的攻击，还可以防止来自企业内部的攻击。设备对经过的流量都可以进行检测，既可以对服务器进行防护，也可以对客户端进行防护。

⑤精准防护：入侵防御特征库持续更新，使设备拥有最新的入侵防御能力。可以从云端安全中心定期升级设备的特征库，以保持入侵防御的持续有效性。

6. 入侵防御的实现机制

入侵防御的基本实现机制包括以下内容。

（1）重组应用数据：防火墙首先进行IP分片报文重组及TCP流重组，确保了应用数据的连续性，有效检测出逃避入侵防御检测的攻击行为。

（2）协议识别和协议解析：防火墙根据报文内容识别多种常见应用层协议。识别出报文的协议后，防火墙根据具体协议分析方案进行更精细的分析，并深入提取报文特征。

（3）特征匹配：防火墙将解析后的报文特征与签名进行匹配，如果命中了签名，则进行响应处理。

（4）响应处理：完成检测后，防火墙根据管理员配置的动作对匹配到签名的报文进行处理。

7. 签名

入侵防御签名用来描述网络中攻击行为的特征，防火墙通过将数据流和入侵防御签名进行比较来检测和防范攻击。

（1）预定义签名。

①预定义签名是入侵防御特征库中包含的签名。预定义签名的内容是固定的，不能创建、修改或删除。

②每个预定义签名都有缺省的动作，分别如下。

● 放行：对命中签名的报文放行，且不记录日志。

● 告警：对命中签名的报文放行，但记录日志。

● 阻断：丢弃命中签名的报文，阻断该报文所在的数据流，并记录日志。

（2）自定义签名。

①自定义签名是指管理员通过自定义规则创建的签名。

②新的攻击出现后，其对应的攻击签名通常晚一点才会出现。当用户自身对这些新的攻击比较了解时，可以自行创建自定义签名，以便实时地防御这些攻击。

③自定义签名创建后，系统会自动对自定义规则的合法性进行检查，避免低效签名浪费系统资源。

④自定义签名的动作分为阻断和告警，可以在创建自定义签名时配置签名的响应动作。

8. 签名过滤器

（1）由于设备升级特征库后会存在大量签名，而这些签名是没有进行分类的，且有些签名所包含的特征在网络中不存在，需过滤出去，因此设置了签名过滤器进行管理。签名过滤器是满足指定过滤条件的集合。

（2）签名过滤器的过滤条件包括签名的类别、对象、协议、严重性、操作系统等，只有同时满足所有过滤条件的签名才能加入签名过滤器中。一个过滤条件中如果配置多个值，多个值之间是"或"的关系，只要匹配任意一个值，就认为匹配了这个条件。

（3）签名过滤器的动作分为阻断、告警和采用签名的缺省动作。签名过滤器的动作优先级高于签名缺省动作，当签名过滤器的动作不采用签名的缺省动作时，以签名过滤器设置的动作为准。

（4）各签名过滤器之间存在优先关系（按照配置顺序，先配置的优先）。如果一个安全配置文件中的两个签名过滤器包含同一个签名，当报文命中此签名后，设备将根据优先级高的签名过滤器的动作对报文进行处理。

9. 例外签名

（1）由于签名过滤器会批量过滤出签名，且通常为了方便管理会设置为统一的动作。如果管理员需要将某些签名设置为与签名过滤器不同的动作，可将这些签名引入例外签名中，并单独配置动作。

（2）例外签名的动作如下。

①阻断：丢弃命中签名的报文，并记录日志。

②告警：对命中签名的报文放行，但记录日志。

③放行：对命中签名的报文放行，且不记录日志。

④添加黑名单：丢弃命中签名的报文，阻断报文所在的数据流，记录日志，并可将报文的源地址或目的地址添加至黑名单。

（3）例外签名的动作优先级高于签名过滤器。如果一个签名同时命中例外签名和签名过滤器，则以例外签名的动作为准。

13.2 防火墙入侵防御实验

本实验拓扑由 USG6000V 系列防火墙、S3700 交换机和测试终端组成，通过在防火墙 FW1 上配置入侵防御，实现对内网的保护。本实验关键部分采用 Web 界面方式进行配置。

1. 实验目标

（1）掌握 Web 界面方式配置防火墙入侵防御。

（2）掌握防火墙入侵防御、反病毒的基本原理。

2. 实验拓扑

接下来，我们通过 eNSP 实现防火墙入侵防御的实验配置，实验拓扑如图 13-1 所示，其中 LSW1 作为二层交换机使用，无须配置。

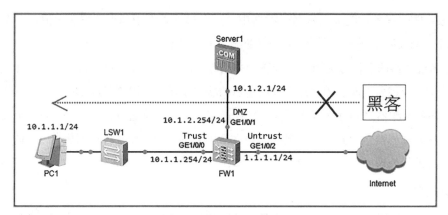

图13-1 防火墙入侵防御实验拓扑

3. 实验步骤

步骤❶：配置IP地址。

（1）配置防火墙FW1的IP地址，配置命令如下。

```
Username:admin
Password:
The password needs to be changed. Change now? [Y/N]: y
Please enter old password:
Please enter new password:
Please confirm new password:
 Info: Your password has been changed. Save the change to survive a reboot.
*********************************************************************
*         Copyright (C) 2014-2018 Huawei Technologies Co., Ltd.      *
*                        All rights reserved.                        *
*               Without the owner's prior written consent,           *
*          no decompiling or reverse-engineering shall be allowed.    *
*********************************************************************
<USG6000V1>system-view
Enter system view, return user view with Ctrl+Z.
[USG6000V1]sysname FW1
[FW1]interface GigabitEthernet 1/0/0
[FW1-GigabitEthernet1/0/0]ip address 10.1.1.254 24
[FW1-GigabitEthernet1/0/0]service-manage all permit
[FW1-GigabitEthernet1/0/0]quit
[FW1]interface GigabitEthernet 1/0/1
[FW1-GigabitEthernet1/0/1]ip address 10.1.2.254 24
[FW1-GigabitEthernet1/0/1]service-manage all permit
[FW1-GigabitEthernet1/0/1]quit
[FW1]interface GigabitEthernet 1/0/2
```

```
[FW1-GigabitEthernet1/0/2]ip address 1.1.1.1 24
[FW1-GigabitEthernet1/0/2]service-manage all permit
[FW1-GigabitEthernet1/0/2]quit
```

（2）配置设备PC1的IP地址，如图13-2所示。

（3）配置设备Server1的IP地址，如图13-3所示。

图 13-2　配置设备 PC1 的 IP 地址　　　　　　图 13-3　配置设备 Server1 的 IP 地址

步骤❷：配置接口所属安全区域和安全策略。

（1）划分接口到对应的安全区域，配置命令如下。

```
[FW1]firewall zone untrust
[FW1-zone-untrust]add interface GigabitEthernet 1/0/2
[FW1-zone-untrust]quit
[FW1]firewall zone trust
[FW1-zone-trust]add interface GigabitEthernet 1/0/0
[FW1-zone-trust]quit
[FW1]firewall zone dmz
[FW1-zone-dmz]add interface GigabitEthernet 1/0/1
[FW1-zone-dmz]quit
```

（2）配置防火墙FW1的安全策略，配置命令如下。

```
[FW1]security-policy
[FW1-policy-security]default action permit
Warning:Setting the default packet filtering to permit poses security risks.
You are advised to configure the security policy based on the actual data
flows. Are you sure you want to continue?[Y/N]y
[FW1-policy-security]quit
```

配置完成后，可以测试PC1、Server1与FW1之间的连通性，如图13-4和图13-5所示。

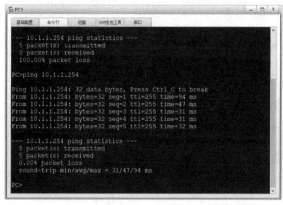

图 13-4　测试 PC1 与 FW1 之间的连通性　　　图 13-5　测试 Server1 与 FW1 之间的连通性

由上面的结果可知，PC1、Server1 与 FW1 之间的直连连通正常。

步骤❸：配置防火墙 FW1，实现入侵防御。

（1）创建入侵防御配置文件，选择【对象】→【安全配置文件】→【入侵防御】选项，单击【新建】按钮，如图 13-6 所示。

图 13-6　创建入侵防御配置文件

（2）在【新建入侵防御配置文件】界面中，按如下参数配置（图 13-7），该配置将被从 Trust 区域到 Untrust 区域的安全策略引用。配置后单击【确定】按钮，完成入侵防御配置文件的配置。

图 13-7　配置入侵防御配置文件

（3）查看威胁日志，选择【日志】→【威胁日志】选项，如图13-8所示。

图13-8　查看威胁日志

步骤❹：配置防火墙FW1，实现反病毒。

（1）创建反病毒配置文件，选择【对象】→【安全配置文件】→【反病毒】选项，单击【新建】按钮，如图13-9所示。

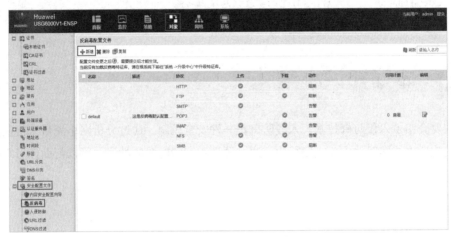

图13-9　创建反病毒配置文件

（2）在【新建反病毒配置文件】界面中选择对应的协议进行打钩，然后单击【确定】按钮，如图13-10所示。

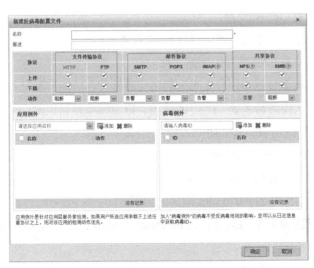

图13-10　配置反病毒配置文件

13.3 实验命令汇总

通过前面的学习，我们了解了入侵防御的相关知识，接下来对实验中涉及的关键命令做一个总结，如表13-1所示。

表13-1　实验命令

命令	作用
ips log merge enable	开启IPS日志的归并功能
ips log extend enable	开启IPS日志的扩展信息输出功能

13.4 本章知识小结

本章主要介绍了入侵防御技术。入侵防御是一种安全机制，通过分析网络流量来检测入侵，并通过一定的响应方式实时地中止入侵行为。通过原理和实验配置的学习，可以帮助读者掌握入侵防御技术。

13.5 典型真题

（1）[单选题]以下关于反病毒特点的描述，哪项是错误的？

A. 反病毒特性不需要License支持

B. 对于反病毒的快速扫描模式，默认仅对PE文件进行检测

C. 反病毒特性可以检测RAR类型的压缩文件

D. 防火墙提供的反病毒特性和用户主机上的防病毒软件在功能上是互补和协作的关系

（2）[单选题]关于入侵防御系统（IPS）的描述，以下哪项是错误的？

A. IDS设备需要与防火墙联动才能阻断入侵

B. IPS设备在网络中不能采取旁路部署方式

C. IPS设备可以串接在网络边界在线部署

D. IPS设备一旦检测出入侵行为可以实现实时阻断

（3）[判断题]入侵防御系统（Intrusion Prevention System，IPS）是在发现入侵行为时能实时阻断的防御系统。

A. 正确　　　　　　B. 错误

（4）［判断题］入侵防御是一种安全机制，通过分析网络流量来检测入侵（包括缓冲区溢出攻击、木马、蠕虫等），并通过一定的响应方式实时地中止入侵行为，保护企业信息系统和网络结构免受侵害。

A. 正确 B. 错误

（5）［单选题］入侵防御系统针对攻击的识别是基于以下哪项进行匹配的？

A. 端口号 B. 协议 C. IP 地址 D. 特征库

（6）［判断题］IPS 支持自定义入侵防御规则，最大限度地对最新威胁做出反应。

A. 正确 B. 错误

（7）［单选题］入侵防御设备能够有效防御以下哪层的攻击？

A. 传输层 B. 应用层 C. 网络层 D. 物理层

（8）［多选题］以下哪些选项属于入侵防御系统的技术特点？

A. 在线模式 B. 实时阻断 C. 自学习及自适应 D. 直路部署

第14章

IPSec VPN

IPSec（IP Security，互联网安全协议）是IETF制定的一系列安全协议，它为端到端IP报文交互提供了基于密码学的、可互操作的、高质量的安全保护机制。IPSec VPN是利用IPSec隧道建立的网络层VPN。

14.1 IPSec VPN概述

对于L2TP VPN和GRE VPN，数据都是明文传输的，用户或企业的安全性得不到保障。若在网络中部署IPSec，便可对传输的数据进行保护处理，降低信息泄露的风险。

1. IPSec VPN体系结构

（1）IPSec VPN体系结构主要由AH（Authentication Header，验证头）、ESP（Encapsulate Security Payload，封装安全载荷）和IKE（Internet Key Exchange，互联网密钥交换）协议套件组成。

（2）IPSec通过ESP来保障IP数据传输过程的机密性，使用AH/ESP提供数据完整性校验、数据源验证和防报文重放功能。

（3）ESP和AH定义了协议和载荷头的格式及所提供的服务，但却没有定义实现以上能力所需的具体转码方式，转码方式包括对数据的转换方式，如算法、密钥长度等。

（4）为简化IPSec的使用和管理，IPSec还可以通过IKE进行自动协商交换密钥、建立和维护安全联盟的服务。

（5）具体介绍如下。

①AH协议：AH是报文验证头协议，主要提供的功能有数据源验证、数据完整性校验和防报文重放功能。然而，AH并不加密所保护的数据报。

②ESP协议：ESP是封装安全载荷协议，它除了提供AH协议的所有功能（但其数据完整性校验不包括IP头），还可以提供对IP报文的加密功能。

③IKE协议：IKE协议用于自动协商AH和ESP所使用的密码算法。

2. IPSec协议体系

（1）IPSec通过AH和ESP两个安全协议实现IP报文的安全保护。

（2）AH是报文验证头协议，主要提供数据源验证、数据完整性校验和防报文重放功能，不提供加密功能。

（3）ESP是封装安全载荷协议，主要提供加密、数据源验证、数据完整性校验和防报文重放功能。

（4）IPSec加密和验证算法所使用的密钥可以手工配置，也可以通过IKE协议动态协商。

ESP与AH的区别如图14-1所示。

安全协议	ESP				AH			
加密	DES	3DES	AES	SM1/SM4				
验证	MD5	SHA1	SHA2	SM3	MD5	SHA1	SHA2	SM3
密钥交换	IKE(ISAKMP,DH)							

图 14-1　ESP 与 AH 的区别

3. 封装模式

（1）封装模式——传输模式。

①在传输模式中，AH头或ESP头被插入IP头与传输层协议头之间，保护TCP/UDP/ICMP负载。

②传输模式不改变报文头，故隧道的源地址和目的地址必须与IP报文头中的源地址和目的地址一致，所以只适合两台主机之间或一台主机和一台VPN网关之间的通信。

（2）封装模式——隧道模式。

①在隧道模式下，AH头或ESP头被插到原始IP头之前，另外生成一个新的报文头放到AH头或ESP头之前，保护IP头和负载。

②隧道模式主要应用于两台VPN网关之间或一台主机和一台VPN网关之间的通信。

（3）传输模式和隧道模式的区别。

①从安全性来讲，隧道模式优于传输模式，它可以完全地对原始IP数据报进行验证和加密，隐藏内部IP地址、协议类型和端口。

②从性能来讲，隧道模式因为有一个额外的IP头，所以它将比传输模式占用更多带宽。

当安全协议同时采用AH和ESP时，AH和ESP协议必须采用相同的封装模式。

4. IKE与AH/ESP之间的关系

（1）IKE是UDP之上的一个应用层协议，是IPSec的信令协议。

（2）IKE为IPSec协商生成密钥，供AH/ESP加解密和验证使用。AH和ESP协议有自己的协议号，分别是51和50。

（3）IKE协议有IKEv1和IKEv2两个版本。

5. IKE的交换阶段

（1）IKE使用了两个阶段为IPSec进行密钥协商并建立安全联盟。

①第一阶段：通信各方彼此间建立了一个已通过身份验证和安全保护的隧道，即IKE SA。协商模式包括主模式和野蛮模式。认证方式包括预共享密钥、数字签名方式和公钥加密。

②第二阶段：用在第一阶段建立的安全隧道为IPSec协商安全服务，建立IPSec SA。IPSec SA用于最终的IP数据安全传送。协商模式为快速模式。

（2）IKE使用了两个阶段的ISAKMP（Internet安全联盟和密钥管理协议）。第一阶段建立IKE安全联盟（IKE SA），第二阶段利用这个既定的安全联盟，为IPSec协商具体的安全联盟。

（3）IKE的工作流程如下。

①当一个报文从某接口传出时，如果此接口应用了IPSec，会进行安全策略的匹配。

②如果找到匹配的安全策略，会查找相应的安全联盟。如果安全联盟还没有建立，则触发IKE进行协商。IKE首先建立第一阶段的安全联盟，即IKE SA。

③在第一阶段安全联盟的保护下协商第二阶段的安全联盟，即IPSec SA。

④使用IPSec SA保护通信数据。

6. IPSec SA

（1）IPSec技术在数据加密、数据验证、数据封装等方面有多种实现方式或算法，两端的设备使用IPSec进行通信时需要保证使用一致的加密算法、验证算法等。因此，需要一种机制帮助两端设备协商这些参数。

（2）建立IPSec SA一般有两种方式。

①手工方式：手工方式建立IPSec SA的管理成本很高，加密验证方式需要手工配置，手工刷新SA，且SA信息永久存在安全性较低，适用于小型网络。

②IKE方式：IKE方式建立IPSec SA的管理成本比较低，加密验证方式通过DH算法生成，SA信息有生成周期，且SA动态刷新，适用于小型、中大型网络。

（3）IPSec SA由一个三元组来唯一标识，这个三元组包括SPI（Security Parameter Index，安全参数索引）、目的IP地址和使用的安全协议号（AH或ESP）。

（4）IKE SA的主要作用是构建一条安全的通道，用于交互IPSec SA。

7. IKE SA

（1）现网中交互对称密钥一般会使用密钥分发协议IKE。

（2）IKE协议建立在ISAKMP定义的框架上，是基于UDP的应用层协议。它为IPSec提供了自动协商密钥、建立IPSec安全联盟的服务，能够简化IPSec的配置和维护工作。

（3）IKE支持的认证算法有MD5、SHA1、SHA2-256、SHA2-384、SHA2-512和SM3。

（4）IKE支持的加密算法有DES、3DES、AES-128、AES-192、AES-256、SM1和SM4。

（5）ISAKMP由RFC2408定义，定义了协商、建立、修改和删除SA的过程和包格式。ISAKMP只是为SA的属性和协商、修改、删除SA的方法提供了一个通用的框架，并没有定义具体的SA格式。

（6）ISAKMP报文可以利用UDP或TCP，端口都是500，一般情况下常用UDP。

8. IKEv1 协商过程

（1）IKEv1第一阶段协商——主模式预共享密钥协商过程。

①IKE交换的第一阶段——主模式交换。

主模式被设计成将密钥交换信息与身份认证信息相分离的一种交换技术。这种分离保证了身份信息在传输过程中的安全性，这是因为交换的身份信息受到了加密保护。

主模式总共需要经过三个步骤共六条消息来完成第一阶段的协商，最终建立IKE SA。这三个步骤分别是模式协商、Diffie-Hellman交换和nonce交换，以及对对方身份的验证。

主模式的特点包括身份保护及对ISAKMP协商能力的完全利用。其中，身份保护在对方希望隐藏自己的身份时显得尤为重要。在我们讨论野蛮模式时，协商能力的完全利用与否也会凸显出其重要性。若使用预共享密钥方法验证，在消息1、2发送之前，协商发起者和响应者必须计算产生自己的Cookie，用于唯一标识每个单独的协商交换。Cookie使用源/目的IP地址、随机数字、日期和时间进行MD5运算得出，并且放入消息1的ISAKMP中，用以标识单独的一个协商交换。

在第一次交换中，需要交换双方的Cookie和SA载荷，SA载荷中携带了需要协商的IKE SA的各项参数，主要包括IKE的散列类型、加密算法、认证算法和IKE SA的协商时间限制等。

②IKEv1交换的第一阶段——野蛮模式交换。

从上述主模式协商的叙述中可以看到，在第二次交换之后便可生成会话密钥，会话密钥的生成材料中包含了预共享密钥。而当一个对等体同时与多个对等体协商SA时，需要为每个对等体设置一个预共享密钥。为了对每个对等体正确地选择对应的预共享密钥，主模式需要根据前面交换信息中的IP地址来区分不同的对等体。

但是，当发起者的IP地址是动态分配获得时，由于发起者的IP地址不可能被响应者提前知道，而且双方都打算采用预共享密钥验证方法，此时响应者就无法根据IP地址选择对应的预共享密钥。野蛮模式就是用于解决这个矛盾的。

与主模式不同，野蛮模式仅用三条信息便完成了IKE SA的建立。由于对消息数进行了限制，野蛮模式同时也限制了它的协商能力，而且不会提供身份保护。

在野蛮模式的协商过程中，发起者会提供一个保护套件列表、Diffie-Hellman公共值、nonce及身份资料。所有这些信息都是随第一条信息进行交换的。作为响应者，需要回应选择一个保护套件、Diffie-Hellman公共值、nonce、身份资料及一个验证载荷。发起者将它的验证载荷在最后一条消息中交换。

由于野蛮模式在其第一条信息中就携带了身份信息，因此本身无法对身份信息进行加密保护，这就降低了协商的安全性，但也因此不依赖IP地址标识身份，有了更多灵活的应用。

（2）IKEv1第二阶段协商——快速模式协商过程。

第二阶段协商的目的就是建立用来安全传输数据的IPSec SA，并为数据传输衍生出密钥。这一阶段采用快速模式（Quick Mode）。该模式使用IKEv1第一阶段协商中生成的密钥对ISAKMP消息的完整性和身份进行验证，并对ISAKMP消息进行加密，故保证了交换的安全性。

①协商发起方发送本端的安全参数和身份认证信息。安全参数包括被保护的数据流和IPSec安全提议等需要协商的参数。身份认证信息包括第一阶段计算出的密钥和第二阶段产生的密钥材料等，可以再次认证对等体。

②协商响应方发送确认的安全参数和身份认证信息并生成新的密钥。IPSec SA数据传输需要的加密、验证密钥由第一阶段产生的密钥、SPI、协议等参数衍生得出，以保证每个IPSec SA都有自己独一无二的密钥。如果启用PFS，则需要再次应用DH算法计算出一个共享密钥，然后参与上述计算，因此在参数协商时要为PFS协商DH密钥组。

③发送方发送确认信息，确认与响应方可以通信，协商结束。

9. IKEv2协商过程

IKEv2定义了三种交换：初始交换（Initial Exchanges）、创建子SA交换（Create_Child_SA Exchange）和通知交换（Informational Exchange）。

（1）初始交换。

正常情况下，IKEv2通过初始交换就可以完成第一对IPSec SA的协商建立。IKEv2初始交换对应IKEv1的第一阶段，初始交换包含两次交换四条消息。

（2）创建子SA交换。

当一个IKE SA需要创建多对IPSec SA时，需要使用创建子SA交换来协商多于一对的IPSec SA。另外，创建子SA交换还可以用于IKE SA的重协商。

创建子SA交换包含一个交换两条消息，对应IKEv1第二阶段协商，交换的发起者可以是初始交换的协商发起方，也可以是初始交换的协商响应方。创建子SA交换必须在初始交换完成后进行，交换消息由初始交换协商的密钥进行保护。

类似于IKEv1，如果启用PFS，创建子SA交换需要额外进行一次DH交换，生成新的密钥材料。生成密钥材料后，子SA的所有密钥都从这个密钥材料衍生出来。

（3）通知交换。

运行IKE协商的两端有时会传递一些控制信息，例如，错误信息或通告信息，这些信息在IKEv2中是通过通知交换完成的。

通知交换必须在IKE SA的保护下进行，也就是说，通知交换只能发生在初始交换之后。控制信息如果是IKE SA的，那么通知交换必须由该IKE SA来进行保护；控制信息如果是某子SA的，那么通知交换必须由生成该子SA的IKE SA来进行保护。

10. IKEv1主模式和野蛮模式的区别

（1）交换的消息：主模式为六条，野蛮模式为三条。

（2）身份保护：主模式的最后两条消息有加密，可以提供身份保护功能；而野蛮模式消息集成度过高，因此无身份保护功能。

（3）对等体标识：主模式只能采用IP地址方式标识对等体，而野蛮模式可以采用IP地址方式或Name方式标识对等体。

14.2 IPSec VPN实验

本实验拓扑由USG6000V系列防火墙和AR1220路由器组成，通过在防火墙FW1和FW2上配置IPSec VPN，实现左边站点AR2访问右边站点AR3。本实验采用CLI命令行方式进行配置。

1. 实验目标

（1）掌握CLI命令行方式配置IPSec VPN。

（2）掌握IPSec VPN的实现原理。

（3）掌握IPSec VPN的故障定位和排除。

2. 实验拓扑

接下来，我们通过eNSP实现IPSec VPN的实验配置，实验拓扑如图14-2所示。

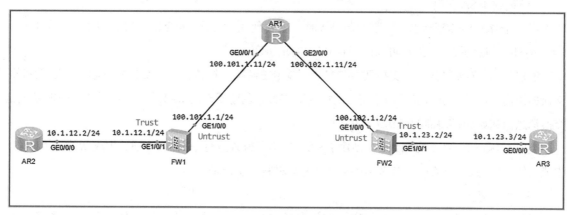

图14-2　IPSec VPN实验拓扑

3. 实验步骤

步骤❶：配置IP地址及初始化设置。

（1）配置设备AR1的IP地址，配置命令如下。

```
[AR1]interface GigabitEthernet 0/0/1
[AR1-GigabitEthernet0/0/1]ip address 100.101.1.11 24
[AR1-GigabitEthernet0/0/1]quit
[AR1]interface GigabitEthernet 2/0/0
[AR1-GigabitEthernet2/0/0]ip address 100.102.1.11 24
[AR1-GigabitEthernet2/0/0]quit
```

（2）配置设备AR2的IP地址，配置命令如下。

```
[AR2]interface GigabitEthernet 0/0/0
[AR2-GigabitEthernet0/0/0]ip address 10.1.12.2 24
[AR2-GigabitEthernet0/0/0]quit
```

（3）配置设备AR3的IP地址，配置命令如下。

```
[AR3]interface GigabitEthernet 0/0/0
[AR3-GigabitEthernet0/0/0]ip address 10.1.23.3 24
```

```
[AR3-GigabitEthernet0/0/0]quit
```

（4）配置FW1的IP地址和划分安全区域，配置命令如下。

```
[FW1]interface GigabitEthernet 1/0/1
[FW1-GigabitEthernet1/0/1]ip address 10.1.12.1 24
[FW1-GigabitEthernet1/0/1]quit
[FW1]interface GigabitEthernet 1/0/0
[FW1-GigabitEthernet1/0/0]ip address 100.101.1.1 24
[FW1-GigabitEthernet1/0/0]quit
[FW1]firewall zone trust
[FW1-zone-trust]add interface GigabitEthernet 1/0/1
[FW1-zone-trust]quit
[FW1]firewall zone untrust
[FW1-zone-untrust]add interface GigabitEthernet 1/0/0
[FW1-zone-untrust]quit
```

（5）配置FW2的IP地址和划分安全区域，配置命令如下。

```
[FW2]interface GigabitEthernet 1/0/1
[FW2-GigabitEthernet1/0/1]ip address 10.1.23.2 24
[FW2-GigabitEthernet1/0/1]quit
[FW2]interface GigabitEthernet 1/0/0
[FW2-GigabitEthernet1/0/0]ip address 100.102.1.2 24
[FW2-GigabitEthernet1/0/0]quit
[FW2]firewall zone trust
[FW2-zone-trust]add interface GigabitEthernet 1/0/1
[FW2-zone-trust]quit
[FW2]firewall zone untrust
[FW2-zone-untrust]add interface GigabitEthernet 1/0/0
[FW2-zone-untrust]quit
```

步骤❷：配置FW1、FW2、AR2和AR3的默认路由，实现路由可达。

（1）配置FW1、FW2、AR2和AR3的默认路由，配置命令如下。

```
[FW1]ip route-static 0.0.0.0 0 100.101.1.11
[FW2]ip route-static 0.0.0.0 0 100.102.1.11
[AR2]ip route-static 0.0.0.0 0 10.1.12.1
[AR3]ip route-static 0.0.0.0 0 10.1.23.2
```

（2）检查FW1、FW2、AR2和AR3的默认路由是否生效，结果如图14-3、图14-4、图14-5和图14-6所示。

```
[FW1]display ip routing-table protocol static
2023-09-05 00:49:26.240
Route Flags: R - relay, D - download to fib
----------------------------------------------------------------------
Public routing table : Static
        Destinations : 1        Routes : 1        Configured Routes : 1

Static routing table status : <Active>
        Destinations : 1        Routes : 1

Destination/Mask    Proto   Pre  Cost      Flags NextHop          Interface

       0.0.0.0/0    Static  60   0          RD   100.101.1.11     GigabitEthernet1/0/0

Static routing table status : <Inactive>
        Destinations : 0        Routes : 0

[FW1]
```

图 14-3   检查 FW1 的默认路由

```
[FW2]display ip routing-table protocol static
2023-09-05 00:50:34.290
Route Flags: R - relay, D - download to fib
----------------------------------------------------------------------
Public routing table : Static
        Destinations : 1        Routes : 1        Configured Routes : 1

Static routing table status : <Active>
        Destinations : 1        Routes : 1

Destination/Mask    Proto   Pre  Cost      Flags NextHop          Interface

       0.0.0.0/0    Static  60   0          RD   100.102.1.11     GigabitEthernet1/0/0

Static routing table status : <Inactive>
        Destinations : 0        Routes : 0

[FW2]
```

图 14-4   检查 FW2 的默认路由

```
[AR2]display ip routing-table protocol static
Route Flags: R - relay, D - download to fib
----------------------------------------------------------------------
Public routing table : Static
        Destinations : 1        Routes : 1        Configured Routes : 1

Static routing table status : <Active>
        Destinations : 1        Routes : 1

Destination/Mask    Proto   Pre  Cost      Flags NextHop          Interface

       0.0.0.0/0    Static  60   0          RD   10.1.12.1        GigabitEthernet0/0/0

Static routing table status : <Inactive>
        Destinations : 0        Routes : 0

[AR2]
```

图 14-5   检查 AR2 的默认路由

```
[AR3]display ip routing-table protocol static
Route Flags: R - relay, D - download to fib
----------------------------------------------------------------------
Public routing table : Static
        Destinations : 1        Routes : 1        Configured Routes : 1

Static routing table status : <Active>
        Destinations : 1        Routes : 1

Destination/Mask    Proto   Pre  Cost      Flags NextHop          Interface

       0.0.0.0/0    Static  60   0          RD   10.1.23.2        GigabitEthernet0/0/0

Static routing table status : <Inactive>
        Destinations : 0        Routes : 0

[AR3]
```

图 14-6   检查 AR3 的默认路由

由上面的结果可知，FW1、FW2、AR2和AR3的默认路由配置正确。

步骤❸：配置IPSec VPN，实现左边站点AR2可以访问右边站点AR3。

（1）配置FW1和FW2的感兴趣流，配置命令如下。

```
[FW1]acl number 3000
[FW1-acl-adv-3000]rule 5 permit icmp source 10.1.12.0 0.0.0.255 destination
10.1.23.0 0.0.0.255   // 允许源 IP 地址为 10.1.12.0/24 访问 10.1.23.0/24 的 ICMP 服务
[FW1-acl-adv-3000]quit

[FW2]acl number 3000
[FW2-acl-adv-3000]rule 5 permit icmp source 10.1.23.0 0.0.0.255 destination
10.1.12.0 0.0.0.255   // 允许源 IP 地址为 10.1.23.0/24 访问 10.1.12.0/24 的 ICMP 服务
[FW2-acl-adv-3000]quit
```

（2）在防火墙FW1和FW2上配置IKE安全提议，配置命令如下。

```
[FW1]ike proposal 1
[FW1-ike-proposal-1]quit

[FW2]ike proposal 1
[FW2-ike-proposal-1]quit
```

注意

这里只需要配置 ike proposal 命令，IKE 安全提议会携带默认配置参数。

（3）在防火墙FW1和FW2上配置IKE对等体，配置命令如下。

```
[FW1]ike peer fw2
[FW1-ike-peer-fw2]undo version 2
[FW1-ike-peer-fw2]pre-shared-key Huawei@123
[FW1-ike-peer-fw2]remote-address 100.102.1.2
[FW1-ike-peer-fw2]quit

[FW2]ike peer fw1
[FW2-ike-peer-fw1]undo version 2
[FW2-ike-peer-fw1]pre-shared-key Huawei@123
[FW2-ike-peer-fw1]remote-address 100.101.1.1
[FW2-ike-peer-fw1]quit
```

（4）在防火墙FW1和FW2上配置IPSec安全提议，配置命令如下。

```
[FW1]ipsec proposal 1
[FW1-ipsec-proposal-1]quit
```

```
[FW2]ipsec proposal 1
[FW2-ipsec-proposal-1]quit
```

注意

> 这里只需要配置ipsec proposal命令，IPSec安全提议会携带默认配置参数。

（5）在防火墙FW1和FW2上配置IPSec策略，配置命令如下。

```
[FW1]ipsec policy fw1fw2 8 isakmp                    // 配置 ISAKMP 方式 IPSec 安全策略
[FW1-ipsec-policy-isakmp-fw1fw2-8]security acl 3000
                                    // 配置 IPSec 安全策略或 IPSec 安全策略模板引用的 ACL
[FW1-ipsec-policy-isakmp-fw1fw2-8]ike-peer fw2    // 调用 IKE 对等体
[FW1-ipsec-policy-isakmp-fw1fw2-8]proposal 1      // 调用 IPSec 安全提议
[FW1-ipsec-policy-isakmp-fw1fw2-8]quit

[FW2]ipsec policy fw1fw2 8 isakmp
Info: The ISAKMP policy sequence number should be smaller than the template
policy sequence number in the policy group. Otherwise, the ISAKMP policy does
not take effect.
[FW2-ipsec-policy-isakmp-fw1fw2-8]security acl 3000
[FW2-ipsec-policy-isakmp-fw1fw2-8]ike-peer fw1
[FW2-ipsec-policy-isakmp-fw1fw2-8]proposal 1
[FW2-ipsec-policy-isakmp-fw1fw2-8]quit
```

（6）在防火墙FW1和FW2的接口调用IPSec策略，配置命令如下。

```
[FW1]interface GigabitEthernet 1/0/0
[FW1-GigabitEthernet1/0/0]ipsec policy fw1fw2
[FW1-GigabitEthernet1/0/0]quit

[FW2]interface GigabitEthernet 1/0/0
[FW2-GigabitEthernet1/0/0]ipsec policy fw1fw2
[FW2-GigabitEthernet1/0/0]quit
```

步骤❹：配置防火墙FW1和FW2的安全策略，实现站点之间的流量互访。

（1）配置防火墙FW1的安全策略，放行IKE、ICMP和ESP流量，配置命令如下。

```
[FW1]security-policy
[FW1-policy-security]rule name ike   // 放行 IKE 流量
[FW1-policy-security-rule-ike]source-zone local
[FW1-policy-security-rule-ike]source-zone untrust
[FW1-policy-security-rule-ike]destination-zone untrust
[FW1-policy-security-rule-ike]destination-zone local
```

```
[FW1-policy-security-rule-ike]source-address 100.101.1.1 mask 255.255.255.255
[FW1-policy-security-rule-ike]source-address 100.102.1.2 mask 255.255.255.255
[FW1-policy-security-rule-ike]destination-address 100.102.1.2 mask
255.255.255.255
[FW1-policy-security-rule-ike]destination-address 100.101.1.1 mask
255.255.255.255
[FW1-policy-security-rule-ike]service protocol udp source-port 500
destination-port 500
[FW1-policy-security-rule-ike]action permit
[FW1-policy-security-rule-ike]quit
[FW1-policy-security]rule name icmp        // 放行 ICMP 业务流量
[FW1-policy-security-rule-icmp]source-zone trust
[FW1-policy-security-rule-icmp]source-zone untrust
[FW1-policy-security-rule-icmp]destination-zone trust
[FW1-policy-security-rule-icmp]destination-zone untrust
[FW1-policy-security-rule-icmp]source-address 10.1.12.0 mask 255.255.255.0
[FW1-policy-security-rule-icmp]source-address 10.1.23.0 mask 255.255.255.0
[FW1-policy-security-rule-icmp]destination-address 10.1.12.0 mask
255.255.255.0
[FW1-policy-security-rule-icmp]destination-address 10.1.23.0 mask
255.255.255.0
[FW1-policy-security-rule-icmp]service icmp
[FW1-policy-security-rule-icmp]action permit
[FW1-policy-security-rule-icmp]quit
[FW1-policy-security]rule name espin        // 放行 ESP 流量
[FW1-policy-security-rule-espin]source-zone untrust
[FW1-policy-security-rule-espin]destination-zone local
[FW1-policy-security-rule-espin]source-address 100.102.1.2 mask
255.255.255.255
[FW1-policy-security-rule-espin]destination-address 100.101.1.1 mask
255.255.255.255
[FW1-policy-security-rule-espin]service esp
[FW1-policy-security-rule-espin]action permit
[FW1-policy-security-rule-espin]quit
[FW1-policy-security]quit
```

（2）配置防火墙FW2的安全策略，放行IKE、ICMP和ESP流量，配置命令如下。

```
[FW2]security-policy
[FW2-policy-security]rule name ike  // 放行 IKE 流量
[FW2-policy-security-rule-ike]source-zone local
[FW2-policy-security-rule-ike]source-zone untrust
```

```
[FW2-policy-security-rule-ike]destination-zone untrust
[FW2-policy-security-rule-ike]destination-zone local
[FW2-policy-security-rule-ike]source-address 100.101.1.1 mask 255.255.255.255
[FW2-policy-security-rule-ike]source-address 100.102.1.2 mask 255.255.255.255
[FW2-policy-security-rule-ike]destination-address 100.102.1.2 mask
255.255.255.255
[FW2-policy-security-rule-ike]destination-address 100.101.1.1 mask
255.255.255.255
[FW2-policy-security-rule-ike]service protocol udp source-port 500
destination-port 500
[FW2-policy-security-rule-ike]action permit
[FW2-policy-security-rule-ike]quit
[FW2-policy-security]rule name icmp          // 放行 ICMP 业务流量
[FW2-policy-security-rule-icmp]source-zone trust
[FW2-policy-security-rule-icmp]source-zone untrust
[FW2-policy-security-rule-icmp]destination-zone trust
[FW2-policy-security-rule-icmp]destination-zone untrust
[FW2-policy-security-rule-icmp]source-address 10.1.12.0 mask 255.255.255.0
[FW2-policy-security-rule-icmp]source-address 10.1.23.0 mask 255.255.255.0
[FW2-policy-security-rule-icmp]destination-address 10.1.23.0 mask
255.255.255.0
[FW2-policy-security-rule-icmp]destination-address 10.1.12.0 mask
255.255.255.0
[FW2-policy-security-rule-icmp]service icmp
[FW2-policy-security-rule-icmp]action permit
[FW2-policy-security-rule-icmp]quit
[FW2-policy-security]rule name espin          // 放行 ESP 流量
[FW2-policy-security-rule-espin]source-zone untrust
[FW2-policy-security-rule-espin]destination-zone local
[FW2-policy-security-rule-espin]source-address 100.101.1.1 mask
255.255.255.255
[FW2-policy-security-rule-espin]destination-address 100.102.1.2 mask
255.255.255.255
[FW2-policy-security-rule-espin]service esp
[FW2-policy-security-rule-espin]action permit
[FW2-policy-security-rule-espin]quit
[FW2-policy-security]quit
```

步骤❺: 测试站点之间的互访情况。

（1）测试 AR2 访问 AR3，并在 FW1 的接口 GE1/0/0 上进行抓包，结果如图 14-7 和图 14-8 所示。

```
[AR2]ping 10.1.23.3
  PING 10.1.23.3: 56  data bytes, press CTRL_C to break
    Request time out
    Request time out
    Reply from 10.1.23.3: bytes=56 Sequence=3 ttl=253 time=130 ms
    Reply from 10.1.23.3: bytes=56 Sequence=4 ttl=253 time=40 ms
    Reply from 10.1.23.3: bytes=56 Sequence=5 ttl=253 time=30 ms

  --- 10.1.23.3 ping statistics ---
    5 packet(s) transmitted
    3 packet(s) received
    40.00% packet loss
    round-trip min/avg/max = 30/66/130 ms

[AR2]
```

图14-7　测试AR2访问AR3

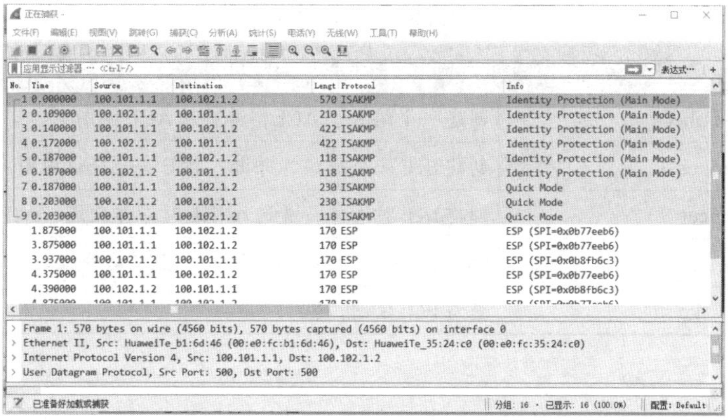

图14-8　FW1的接口GE1/0/0的抓包情况

由上面的结果可知，左边站点AR2成功访问右边站点AR3，说明配置正确。

（2）在防火墙FW1和FW2上查看IKE SA情况，结果如图14-9和图14-10所示。

```
[FW1]display ike sa
2023-09-05 03:01:23.350

IKE SA information :
 Conn-ID    Peer                                          VPN              Flag(s)              Phase  RemoteType  RemoteID
--------------------------------------------------------------------------------------------------------------------------------
 2          100.102.1.2:500                                                RD|ST|A              v1:2   IP          100.102.1.2
 1          100.102.1.2:500                                                RD|ST|A              v1:1   IP          100.102.1.2

  Number of IKE SA : 2
--------------------------------------------------------------------------------------------------------------------------------

 Flag Description:
 RD--READY   ST--STAYALIVE   RL--REPLACED   FD--FADING   TO--TIMEOUT
 HRT--HEARTBEAT   LKG--LAST KNOWN GOOD SEQ NO.   BCK--BACKED UP
 M--ACTIVE   S--STANDBY   A--ALONE  NEG--NEGOTIATING

[FW1]
```

图14-9　FW1查看IKE SA情况

```
[FW2]display ike sa
2023-09-05 03:02:50.750

IKE SA information :
 Conn-ID    Peer                                          VPN              Flag(s)              Phase  RemoteType  RemoteID
--------------------------------------------------------------------------------------------------------------------------------
 2          100.101.1.1:500                                                RD|A                 v1:2   IP          100.101.1.1
 1          100.101.1.1:500                                                RD|A                 v1:1   IP          100.101.1.1

  Number of IKE SA : 2
--------------------------------------------------------------------------------------------------------------------------------

 Flag Description:
 RD--READY   ST--STAYALIVE   RL--REPLACED   FD--FADING   TO--TIMEOUT
 HRT--HEARTBEAT   LKG--LAST KNOWN GOOD SEQ NO.   BCK--BACKED UP
 M--ACTIVE   S--STANDBY   A--ALONE  NEG--NEGOTIATING

[FW2]
```

图14-10　FW2查看IKE SA情况

由上面的结果可知，FW1和FW2已经存在IKE SA表项，说明IPSec VPN建立成功。

14.3 实验命令汇总

通过前面的学习，我们了解了IPSec VPN的相关知识，接下来对实验中涉及的关键命令做一个总结，如表14-1所示。

表14-1　实验命令

命令	作用
acl number	创建一个编号型ACL，并进入ACL视图
ike proposal	创建IKE安全提议，并进入IKE安全提议视图
ike peer	创建IKE对等体，并进入IKE对等体视图
security acl	配置IPSec安全策略或IPSec安全策略模板引用的ACL
display ike sa	查看IKE SA情况

14.4 本章知识小结

本章主要介绍了IPSec VPN的基本原理，并通过实验点到点VPN，即局域网到局域网的VPN（LAN to LAN VPN）的配置演示，展示了IPSec VPN的实现效果。通过本章内容的学习，读者可以掌握IPSec VPN的配置和维护。

14.5 典型真题

（1）[单选题]部署IPSec VPN隧道模式时，采用AH协议进行报文封装。在新IP报文头部字段中，以下哪个参数无须进行数据完整性校验？

A. 源IP地址　　　　　B. 目的IP地址　　　　　C. TTL　　　　　D. Idetification

（2）[单选题]在IPSec VPN传输模式中，数据报文被加密的区域是哪个部分？

A. 网络层及上层数据报文　　　　　　　　B. 原IP报文头

C. 新IP报文头　　　　　　　　　　　　　D. 传输层及上层数据报文

（3）[单选题]以下哪个选项属于二层VPN技术？

A. SSL VPN　　　　　B. L2TP VPN　　　　　C. GRE VPN　　　　　D. IPSec VPN

（4）[单选题]关于L2TP VPN的说法，以下哪项是错误的？

A. 适用于出差员工拨号访问内网　　　　　　B. 不会对数据进行加密操作

C. 可以与IPSec VPN结合使用　　　　　　　D. 属于三层VPN技术

（5）[单选题]防火墙接入用户认证的触发认证方式，不包括以下哪项？

A. MPLS VPN　　　　B. SSL VPN　　　　C. IPSec VPN　　　　D. L2TP VPN

（6）[单选题]IPSec VPN使用传输模式封装报文时，下列哪项不在ESP安全协议的认证范围内？

A. ESP Header　　　　B. IP Header　　　　C. ESP Tail　　　　D. TCP Header

（7）[单选题]下列哪项VPN不能用于Site-to-Site场景？

A. SSL VPN　　　　B. L2TP VPN　　　　C. IPSec VPN　　　　D. GRE VPN

（8）[多选题]防火墙接入用户认证的触发认证方式，包括以下哪项？

A. SSL VPN　　　　B. L2TP VPN　　　　C. MPLS VPN　　　　D. IPSec VPN

（9）[单选题]在部署IPSec VPN时，以下哪项属于隧道模式的主要应用场景？

A. 主机与主机之间　　　　　　　　　　　　B. 主机与安全网关之间

C. 安全网关之间　　　　　　　　　　　　　D. 主机和服务器之间

（10）[判断题]IPSec VPN技术采用ESP安全协议封装时不支持NAT穿越，因为ESP对报文头部进行了加密。

A. 正确　　　　　　B. 错误

（11）[判断题]IPSec VPN采用的是非对称加密算法对传输的数据进行加密。

A. 正确　　　　　　B. 错误

（12）[单选题]IPSec VPN使用隧道模式封装报文时，下列哪项不在ESP安全协议的加密范围内？

A. ESP Header　　　　B. TCP Header　　　　C. Raw IP Header　　　　D. ESP Tail

（13）[单选题]以下关于IPSec VPN中AH协议的描述，错误的是哪项？

A. 支持报文的加密　　　　　　　　　　　　B. 支持数据源验证

C. 支持数据完整性校验　　　　　　　　　　D. 支持防报文重放

（14）[多选题]以下哪些选项适合出差人员在公网环境下接入企业内网？

A. L2TP over IPSec VPN　　　　　　　　　B. GER VPN

C. MPLS VPN　　　　　　　　　　　　　　D. SSL VPN

（15）[多选题]下列哪些选项可用于IPSec VPN对等体身份验证？

A. 数字签名　　　　B. 数字证书　　　　C. 数字信封　　　　D. 不对称密钥

（16）[多选题]以下哪些是IPSec VPN的必要配置？

A. IKE邻居　　　　　　　　　　　　　　　B. IKE SA相关参数

C. IPSec SA相关参数　　　　　　　　　　　D. 感兴趣流

（17）[多选题]以下哪些VPN技术支持对数据报文进行加密？

A. SSL VPN   B. GRE VPN   C. IPSec VPN   D. L2TP VPN

（18）[单选题] 以下哪些技术不可以实现分支机构用户访问企业总部的网络资源？

A. IPSec VPN   B. L2TP VPN   C. SSL VPN   D. PPPoE

（19）[填空题] 相比于 IPSec VPN，_____ 具有兼容性好的优点，能够封装 IPX、组播报文等，被广泛应用。

（20）[填空题] 对等体 FWA 和 FWB 建立 IPSec VPN 的过程中需要经过两个阶段建立两类安全联盟，在第一阶段建立 _____ 验证对等体身份。

第15章
L2TP VPN

出差员工跨越Internet远程访问企业内网资源时，需要使用PPP向企业总部申请内网IP地址，并供总部对出差员工进行身份认证。但PPP报文受其协议自身的限制，无法在Internet上直接传输。于是，PPP报文的传输问题成为制约出差员工远程办公的技术瓶颈。L2TP VPN技术出现以后，使用L2TP VPN隧道"承载"PPP报文在Internet上传输成为解决上述问题的一种途径。无论出差员工是通过传统拨号方式接入Internet，还是通过以太网方式接入Internet，L2TP VPN都可以向其提供远程接入服务。

15.1 L2TP VPN概述

L2TP（Layer 2 Tunneling Protocol，第二层隧道协议）VPN是一种用于承载PPP报文的隧道技术，该技术主要应用在远程办公场景中，为出差员工远程访问企业内网资源提供接入服务。

1. L2TP VPN的主要使用场景

（1）NAS-Initiated VPN：由远程拨号用户发起，远程系统通过PSTN/ISDN拨入LAC。由LAC通过Internet向LNS发起建立隧道连接请求，拨号用户地址则由LNS分配。对远程拨号用户的验证与计费既可由LAC侧的代理完成，也可在LNS完成。

（2）Call-LNS：L2TP除了可以为出差员工提供远程接入服务，还可以进行企业分支与总部的内网互联，实现分支用户与总部用户的互访。

（3）Client-Initialized：直接由LAC客户（指可在本地支持L2TP的用户）发起。客户需要知道LNS的IP地址。LAC客户可直接向LNS发起隧道连接请求，无须再经过一个单独的LAC设备。在LNS设备上收到了LAC客户的请求之后，根据用户名和密码进行验证，并且给LAC客户分配私有IP地址。

2. Client-Initiated场景中L2TP VPN的工作原理

下面从隧道协商、报文封装、安全策略这3个方面介绍Client-Initiated场景中L2TP VPN的工作原理。

（1）隧道协商：移动办公用户在访问企业总部服务器之前，需要先通过L2TP VPN软件与LNS建立L2TP VPN隧道。图15-1所示是移动办公用户与LNS协商建立L2TP VPN隧道，直至最后成功访问企业内网资源的完整过程。

（2）报文封装。

①报文的封装和解封装过程如图15-2所示。

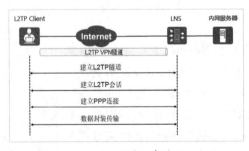

图15-1　隧道协商过程

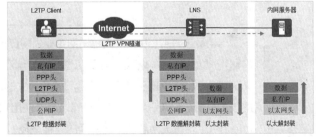

图15-2　报文封装过程

②L2TP Client发往内网服务器的报文的转发过程如下。

● L2TP Client将原始报文用PPP头、L2TP头、UDP头、外层公网IP头层层封装，成为L2TP报文。

● L2TP报文穿过Internet到达LNS。

● LNS收到报文后，在L2TP模块中完成了身份认证和报文的解封装，去掉PPP头、L2TP头、

UDP头、外层公网IP头，还原成原始报文。

● 原始报文只携带了内层私网IP头，内层私网IP头中的源地址是L2TP Client获取到的私网IP 地址，目的地址是内网服务器的私网IP地址。LNS根据目的地址查找路由表，然后根据路由匹配 结果转发报文。

（3）安全策略。图15-3所示是LNS设备上报文所经过的安全域间，以及LNS的安全策略匹配 条件。

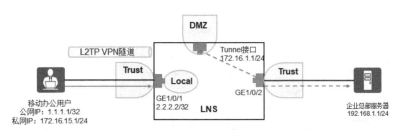

业务方向	设备	源安全区域	目的安全区域	源地址	目的地址	应用
移动办公用户访问企业总部服务器	LNS	Untrust	Local	Any	2.2.2.2/32	L2TP
		DMZ	Trust	172.16.1.2/24~172.16.1.100/24（地址池地址）	192.168.1.0/24	/
企业总部服务器访问移动办公用户	LNS	Trust	DMZ	192.168.1.0/24	172.16.1.2~172.16.1.100/24（地址池地址）	/

图 15-3　L2TP VPN 中的安全策略

移动办公用户访问企业总部服务器的过程中，经过LNS的流量分为以下两类，对应流量的安全 策略处理原则如下。

①移动办公用户与LNS之间的L2TP报文：此处的L2TP报文既包含移动办公用户与LNS建立 隧道时的L2TP协商报文，也包含移动办公用户访问企业总部服务器被解封装前的L2TP报文，这些 L2TP报文会经过Untrust→Local区域。

②移动办公用户访问企业总部服务器的业务报文：LNS通过VT接口将移动办公用户访问企业 总部服务器的业务报文解封装以后，这些报文经过的安全域间为DMZ→Trust。DMZ区域为LNS 上VT接口所在的安全区域，Trust为LNS连接总部内网接口所在的安全区域。

15.2　L2TP VPN实验

本实验拓扑由USG6000V系列防火墙、AR1220路由器和测试服务器组成，通过在防火墙FW1 上配置L2TP VPN，实现左边站点客户端访问右边站点Server1。本实验采用CLI命令行方式进行配 置，其中Cloud1桥接到了本地计算机网卡。

1. 实验目标

（1）掌握CLI命令行方式配置L2TP VPN。

（2）掌握L2TP VPN的实现原理。

2. 实验拓扑

接下来，我们通过eNSP实现L2TP VPN的实验配置，实验拓扑如图15-4所示。

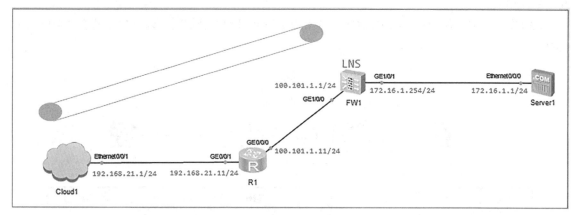

图15-4　L2TP VPN实验拓扑

3. 实验步骤

步骤❶：配置IP地址及初始化设置。

（1）配置设备R1的IP地址，配置命令如下。

```
<Huawei>system-view
[Huawei-ui-console0]sysname R1
[R1]interface GigabitEthernet 0/0/1
[R1-GigabitEthernet0/0/1]ip address 192.168.21.11 24
[R1-GigabitEthernet0/0/1]quit
[R1]interface GigabitEthernet 0/0/0
[R1-GigabitEthernet0/0/0]ip address 100.101.1.11 24
[R1-GigabitEthernet0/0/0]quit
```

（2）配置防火墙FW1的IP地址、划分安全区域和配置安全策略，配置命令如下。

```
[FW1]interface GigabitEthernet 1/0/1
[FW1-GigabitEthernet1/0/1]ip address 172.16.1.254 24
[FW1-GigabitEthernet1/0/1]quit
[FW1]interface GigabitEthernet 1/0/0
[FW1-GigabitEthernet1/0/0]ip address 100.101.1.1 24
[FW1-GigabitEthernet1/0/0]service-manage all permit
[FW1-GigabitEthernet1/0/0]quit
[FW1]firewall zone trust
[FW1-zone-trust]add interface GigabitEthernet 1/0/1
[FW1-zone-trust]quit
```

```
[FW1]firewall zone untrust
[FW1-zone-untrust]add interface GigabitEthernet 1/0/0
[FW1-zone-untrust]quit
[FW1]security-policy
[FW1-policy-security]default action permit
Warning:Setting the default packet filtering to permit poses security risks.
You are advised to configure the security policy based on the actual data
flows. Are you sure you want to continue?[Y/N]y
[FW1-policy-security]quit
```

步骤❷：配置R1的NAT，实现左侧站点上网。

（1）在设备R1上配置NAT，实现访问外网，配置命令如下。

```
[R1]acl number 2000  // 配置 ACL
[R1-acl-basic-2000]rule 5 permit
[R1-acl-basic-2000]quit
[R1]interface GigabitEthernet 0/0/0
[R1-GigabitEthernet0/0/0]nat outbound 2000  // 接口调用 NAT
[R1-GigabitEthernet0/0/0]quit
```

（2）在本地计算机中添加路由，使用管理员身份运行cmd，执行如下命令，如图15-5所示。

（3）在本地计算机中测试访问FW1的IP地址100.101.1.1，并在R1上查看NAT转换情况，如图15-6和图15-7所示。

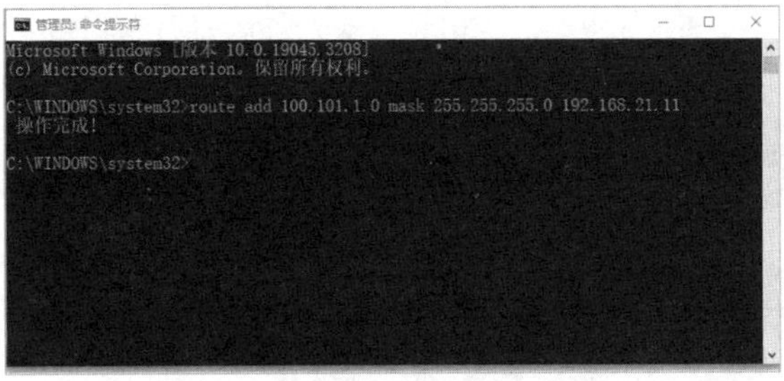

图15-5　本地计算机添加路由

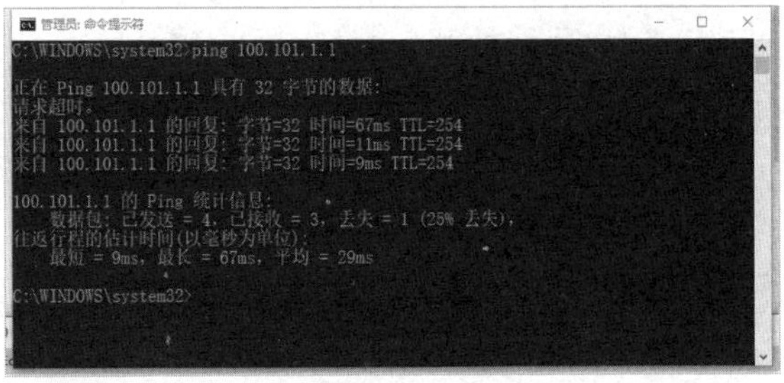

图15-6　测试访问FW1的IP地址100.101.1.1

图15-7　R1查看NAT转换情况

由上面的结果可知，R1存在NAT转换表项，且是关于源IP地址192.168.21.1去访问100.101.1.1的表项，说明NAT配置正确。

步骤❸：配置FW1的L2TP，实现左侧站点访问内网服务器Server1。

（1）配置FW1的L2TP，配置命令如下。

```
[FW1]ip pool zhengjincheng                        // 创建地址池
[FW1-ip-pool-zhengjincheng]section 1 172.16.2.1 172.16.2.100   // 定义地址范围
[FW1-ip-pool-zhengjincheng]quit
[FW1]aaa
[FW1-aaa]domain default                           // 使用默认域 default
[FW1-aaa-domain-default]service-type l2tp      // 指定服务类型为 L2TP
[FW1-aaa-domain-default]quit
[FW1-aaa]user-manage group /default/zhengjincheng_group1   // 创建组
[FW1]aaa
[FW1-aaa]service-scheme zhengjincheng            // 关联服务器模板
[FW1-aaa-service-zhengjincheng]ip-pool zhengjincheng    // 关联地址池
[FW1-aaa-service-zhengjincheng]quit
[FW1-aaa]quit
[FW1-usergroup-/default/zhengjincheng_group1]quit
[FW1]user-manage user zhengjincheng             // 创建用户
[FW1-localuser-zhengjincheng]parent-group /default/zhengjincheng_group1
                                                // 设置用户所属组
[FW1-localuser-zhengjincheng]password Huawei@123        // 设置密码
[FW1-localuser-zhengjincheng]quit
[FW1]interface Virtual-Template 1                // 创建 VT 接口
[FW1-Virtual-Template1]ip address 1.1.1.1 24
[FW1-Virtual-Template1]ppp authentication-mode chap      // 设置本端 PPP 对远端
                                                // 设备的验证方式
[FW1-Virtual-Template1]remote service-scheme zhengjincheng
                                                // 配置为对端用户分配 IP 地址的方式
[FW1-Virtual-Template1]quit
[FW1]l2tp enable        // 开启 L2TP 功能
[FW1]l2tp-group 1       // 创建 L2TP 组
[FW1-l2tp-1]allow l2tp virtual-template 1 remote client
                        // 指定接受呼叫时隧道对端的名称及所使用的 Virtual-Template
[FW1-l2tp-1]tunnel name LNS   // 指定隧道本端的名称
[FW1-l2tp-1]tunnel password cipher Admin@123
[FW1-l2tp-1]quit
```

（2）在本地计算机中安装SecoClient客户端，如图15-8所示。

（3）设置SecoClient客户端，关键步骤如图15-9、图15-10和图15-11所示。

[222]

图15-8　安装SecoClient客户端

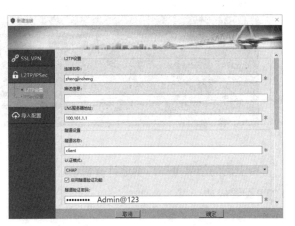

图15-9　设置SecoClient步骤1

图15-10　单击【连接】按钮

图15-11　设置SecoClient步骤2

步骤❹：测试SecoClient连接总部，实现访问内网服务器。

（1）单击【连接】按钮，结果如图15-12所示。

（2）测试本地计算机访问Server1，结果如图15-13和图15-14所示。

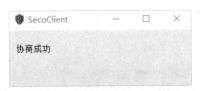

图15-12　SecoClient连接成功

图15-13　本地计算机访问Server1

```
[FW1]display l2tp session
2023-09-05 07:28:18.140
L2TP::Total Session: 1

LocalSID   RemoteSID   LocalTID   RemoteTID   UserID   UserName    VpnInstance
1          45          1          45          260      zhengjin...

Total 1, 1 printed

[FW1]
```

图 15-14　FW1 查看 L2TP 会话

由上面的结果可知，本地计算机已经可以访问 Server1 且防火墙 FW1 存在 L2TP 会话信息，说明 L2TP 配置成功。

15.3　实验命令汇总

通过前面的学习，我们了解了 L2TP VPN 的相关知识，接下来对实验中涉及的关键命令做一个总结，如表 15-1 所示。

表 15-1　实验命令

命令	作用
ip pool	创建全局地址池
service-type	配置认证域的接入控制
user-manage user	创建用户，并进入本地用户视图
interface Virtual-Template	创建 VT（Virtual-Template）接口
ppp authentication-mode	设置本端 PPP 对远端设备的验证方式
remote	配置为对端用户分配 IP 地址的方式
l2tp enable	启用 L2TP 功能
l2tp-group	创建 L2TP 组
allow l2tp	指定接受呼叫时隧道对端的名称及所使用的 Virtual-Template
tunnel name	指定隧道本端的名称
tunnel password	指定隧道验证时的密码

15.4　本章知识小结

本章介绍了 L2TP VPN，通过学习我们知道，L2TP 是一种支持多协议虚拟专用网络（VPN）的联网技术，它允许远程用户通过Internet安全地访问企业网络。类似点对点隧道协议（PPTP），通过其他远程访问技术，例如，通过DSL所提供的Internet访问，它可以被用于为隧道式端对端Internet连接提供安全保护。与PPTP不同，L2TP不依赖特定厂商的加密技术即可达到完全安全和成功的实施。

15.5 典型真题

（1）［单选题］关于Client-Initialized的L2TP VPN，下列哪项说法是错误的？

A. 远程用户接入Internet后，可通过客户端软件直接向远端的LNS发起L2TP隧道连接请求

B. LNS设备接收到用户L2TP连接请求，可以根据用户名和密码对用户进行验证

C. LNS为远端用户分配私有IP地址

D. 远端用户不需要安装VPN客户端软件

（2）［单选题］以下哪个选项属于二层VPN技术？

A. SSL VPN　　　　　B. L2TP VPN　　　　　C. GRE VPN　　　　　D. IPSec VPN

（3）［单选题］以下哪个选项是L2TP报文使用的端口号？

A. 17　　　　　　　　B. 500　　　　　　　　C. 1701　　　　　　　D. 4500

（4）［单选题］关于L2TP VPN的说法，以下哪项是错误的？

A. 适用于出差员工拨号访问内网　　　　　B. 不会对数据进行加密操作

C. 可以与IPSec VPN结合使用　　　　　　D. 属于三层VPN技术

（5）［单选题］使用Client-Initiated方式建立L2TE VPN时，下列哪项是报文的终点？

A. LNS　　　　　　　B. 接入用户　　　　　C. 服务器　　　　　D. LAC

（6）［判断题］某企业出差员工希望远程通过公共网络接入公司总部，从而访问内部服务器的数据，这种需求可以通过L2TP VPN来实现。

A. 正确　　　　　　　B. 错误

（7）［单选题］L2TP是在以下哪个阶段进行IP地址分配的？

A. 链路建立阶段　　　B. LCP协商阶段　　　C. CHAP阶段　　　D. NCP协商阶段

（8）［多选题］关于Client-Initiated VPN，以下哪些说法是正确的？

A. 每个接入用户和LNS之间均建立了一条隧道

B. 每条隧道中仅承载一条L2TP会话和PPP连接

C. 每条隧道中承载多条L2TP会话和PPP连接

D. 每条隧道中承载多条L2TP会话和一条PPP连接

（9）［多选题］在L2TP的配置中，对于命令tunnel name，以下哪些说法是正确的？

A. 用来指定本端的隧道名称

B. 用来指定对端的隧道名称

C. 两端的 tunnel name 必须保持一致

D. 如果不配置 tunnel name，则隧道名称为本地系统名称

（10）[多选题] 以下哪些 VPN 技术支持对数据报文进行加密？

A. SSL VPN   B. GRE VPN   C. IPSec VPN   D. L2TP VPN